最新図解 船の科学

基本原理からSDGs時代の技術まで

池田良穂　著

ブルーバックス

装幀／五十嵐 徹（芦澤泰偉事務所）
カバーイラスト／橋爪義弘
本文・目次デザイン／天野広和（ダイアートプランニング）
本文DTP／西田岳郎
図版作成・画像調整／柳澤秀紀

はじめに

2020年初頭から世界的規模で広がった新型コロナ（COVID-19）禍は、3年余りにわたって続き、人の往来を極度に制限した。しかし、デジタル化が進んで通信手段が発達していたお陰で、世界中のコミュニケーション自体が途絶えることはなかった。かつては夢の技術とされていたテレビ電話やビデオ通話も一気に普及して、授業や会議も相手の顔を見ながらオンラインで行えるようになった。便利になったものだ。

一方、人々が生きるために必要な穀物などの食糧、エネルギー資源、各種製品・雑貨の輸送については、デジタルでは対応ができない。こうした物資のグローバルな輸送の多くは船舶が担い、多くの船員の献身的な仕事によって継続的に行われ、世界中の人々の生活が維持された。

新型コロナウィルス禍がやや下火になった2022年には、ロシアのウクライナ侵攻が始まり、世界の食糧庫とも呼ばれるウクライナからの穀物輸送が、黒海からのシーレーンが封鎖されたため途絶え、多くの国で食糧危機が顕在化した。船の動きが止まると、人々は生存の危機に陥るということがまざまざと実感されたことは記憶に新しい。

日本の輸出入貨物の99.6％は船が運び、日本国内の貨物も約40％は船が運んでいる。すなわち、船は、日本に住む人にとって非常に大切な社会基盤の一つなのだが、一般の人々にとっては、やや遠い存在になっている。それは、船との触れ合いの機会が減っていることが、一つの原因となっているように思う。

かつては、日本から海外に行くには、かならず港から船に乗って出かけたが、今は飛行機での移動が中心となり、港に出かける機会が大幅に減った。さらに、世界経済の拡大によって物資の海上輸送は年々増大しているが、それを運ぶ船は経済合理性に従って大型化して、船が着く港は沖合に展開された。その結果、港湾は、人々の生活からは離れた、大規模な物流拠点と化している。すなわち船も港も社会的にはとても大事だが、人々の目にはなかなか触れない存在になりつつあるようだ。

このようにやや地味な存在になりつつある船にスポットをあてたのが本書であり、船の大切さや、それを支える科学技術について知ってほしいという思いで書かせていただいた。

本書は6章からなっている。

まず第1章では、船の歴史と、各船が生まれてから解体されるまでの船の一生を説明する。船は古い歴史をもつが、社会ニーズに従ってつねに進化をしていること、そして一隻一隻の船がどのように生まれ、そして消えていくのかを知っていただくことから始めたい。

第2章では、重い金属で造られている船がなぜ水に浮き、大波の中でも壊れないのか、そして転覆しないための工夫、さらに水の中を前進するときの抵抗などについて科学技術的な説明をする。

第3章では、船を走らせるための動力と、使われる燃料、そして地球環境への負荷を減らすためのさまざまな工夫について説明する。船は、あらゆる輸送機関の中で、最もエネルギー消費が少なく、地球環境に優しいことを理解していただけると思う。

第4章では、荒れる海の中での船の運動の理論と、いかに安全性を担保するかについて説明するとともに、いかに船をあやつっているのかを説明する。

第5章では、船がどのように造られ、使われるのかを説明し、多様な船の種類についても紹介する。

最後の第6章では、船におけるSDGsを考え、未来の船についても想像してみた。

各章共に、ほぼ独立した内容となっているため、興味のある章から読んでも理解ができると思う。

もくじ

はじめに……3
専門用語……12

第1章　船とは何か……13

1-1 船の歴史――丸木舟から最新鋭の超大型船まで……14
なぜ、船は古くから使われたのか？……14
船の進化……16
鉄の蒸気船の登場……18
鋼船の時代……20
超大型船の登場……21
環境負荷の低減……23

1-2 船の一生――進水から解撤（かいてつ）まで……25
船の寿命……25
船の誕生……27
船の完成と引き渡し……29
船の運航……30
海難……37
船の大規模改造……39
売船……40
解撤……40

第2章　船と力……43

2-1 船を浮かべる力――浮力……44
空中や海中に浮くとは――……44
重力と浮力の釣り合い……44
アルキメデスの原理……46
水に浮くか沈むかを示す比重……48

2乗3乗の法則……49
水が流れれば浮力が変わる……51
動圧を利用して浮上する船……53
水中翼で船体を持ち上げる水中翼船……55
揺れない水中翼船ジェットフォイル……56
水中翼付双胴船……58

2-2 船の強さ——船体構造と船体強度……59
人間の体に似た船体の構造……59
船体がつぶれないための横強度……62
船体が折れないための縦強度……63
船に働く外力……64
縦横強度を組み合わせた船体構造……66
局部強度……67
恐ろしい金属疲労……67

2-3 船を起き上がらせる力——復原力……68
最大の船の悲劇「転覆」……68
横復原力の生まれる原理……69
横復原力の指標、メタセンタ高さとは……70
復原力曲線……72
復原力を減らす要因……73
横復原力を計測する方法……76
非損傷時復原性と損傷時復原性の国際規則……77
損傷したときの復原性……77
不沈船とは……79
転覆船の救助……80

2-4 船が進むのをじゃまする力——抵抗……81
プールの中を走る……81
さまざまな抵抗成分……82

無限流体中で最も抵抗の少ない流線形……83
摩擦抵抗……85
船体表面の粗さで変わる摩擦抵抗……88
造波抵抗……89
造波抵抗と船型の関係……92
波の干渉を利用して造波抵抗を減らす……94
造波抵抗の削減法……96
大型専用船の登場と粘性圧力抵抗……98
排水量型からの脱出……99
空気抵抗の削減……103
波による抵抗増加……107
垂直船首が増えたわけ……111

第3章　船とエネルギー……113

3-1 船を進めるエネルギー——燃料と推進……114

船を推進させる力……114
風の利用……116
動力船の機関と燃料……119
高効率なディーゼル機関……122
軽く高出力のガスタービン機関……125
電気推進機関とは……126
バッテリー船とは……128
原子力……129
抗力を利用した外車……130
揚力を利用したスクリュープロペラ……131
スクリュープロペラはなぜ船尾にあるのか……132
大直径・低速回転が推進効率を上げる……134

キャビテーション 134
多軸プロペラは敬遠？ 135
特殊な推進器 137

3-2 地球を守る——省エネとグリーン化 140
船舶の省エネ化 140
オイル価格高騰が省エネを加速 141
省エネとCO_2排出削減 142
実海域で走れない省エネ船 144
クリーン化 144
クリーンディーゼルの開発 146
LNG燃料 148
ガスエンジンとは？ 151
舶用LNGエンジン 152
グリーン化 153

第4章 船の運動

第4章 船の運動 157

4-1 船を揺らす力——船体運動 158
波による船体運動 158
横傾斜と横揺れ 159
揺れが大きくなる同調 160
波の中での船体運動を支配する方程式 161
やっかいな非線形性 163
横揺れを減らす方法 164
縦運動 167
縦運動の低減 168
究極の揺れない船とは？ 169
危険な不安定振動 170

4-2 船の事故から命を守る——安全性 172
海難時の人命被害をなくするための安全法規 172

基本的な航法……174
座礁時の沈没を防ぐ二重底……175
衝突時の沈没を防ぐ水密区画……176
不沈船はできるか……177
衝突に耐える性能……179
ブレーキのない船……180
ヒューマンエラーを防ぐ……181
4-3 船をあやつる仕組み——操縦性……182
船の針路を変える舵……182
なぜ舵は船尾にあるのか……183
単板舵と複合舵……185
船体の形状も影響する舵効き……187
舵を切ると傾く……188
急には止まれない船……189
高揚力舵とは……191
船の操縦性能……192
離着岸操船のためのサイドスラスター……194
第5章 船の役割……197
5-1 船を造る——造船の役割……198
船をデザインする……198
船を造る……200
乾ドックでの建造……203
船体の建造……204
艤装工事……207
試運転……208
引き渡し……209
5-2 船を使う——海運の役割……210
日本の貿易貨物の99・6%は船が運ぶ……210

海運業とは……211
外航船と内航船……212
定期船と不定期船……213
用途別の船の種類……214
5-3 船が憩う——港の役割……227
母港とは……227
天然の良港……227
人工港……228
河川港……229
変わる港の形態……231
港湾の役割……233
港湾のもつ経済波及効果……234
5-4 さまざまな船……235

第6章　船の未来……247
6-1 船とSDGs——持続可能性への貢献……248
SDGsとは……248
船の役割……249
船員という職業……252
ノアの箱舟……253
漁業への貢献……254
港湾……255
造船……256
6-2 エピローグ——未来の船……257
おわりに……262
参考文献……264
さくいん……270

本書を読むにあたり、本書の中でも頻繁に使われる専門用語を説明しておく。
総トン数：船の大きさの指標の一つで、船内容積によって量られる。
載貨重量トン数：船が積める物の重さ
排水量：船の重さ
海里：緯度1分に対する子午線弧長をもとに定められた距離。1海里は1852メートル
ノット：船の速度の単位で、1ノットは1時間に1海里を進む速度。1.852キロメートル毎時
全長：船の前端から後端までの長さ。
型幅：船の満載喫水線高さでの幅を表すが、外板の厚さは入っていない。
深さ：船底から上甲板（乾舷甲板）までの高さ
喫水：船底から満載喫水線までの高さ
乾舷：満載喫水線から上甲板（乾舷甲板）までの高さ
船種：船の種類
船首：船体の前端部
船尾：船体の後端部
右舷：船尾から船首に向かって船体の右側部分
左舷：船尾から船首に向かって船体の左側部分
舶用：船舶用

第1章
船とは何か

1-1 船の歴史——丸木舟から最新鋭の超大型船まで

なぜ、船は古くから使われたのか？

船は、水に浮かび、小さな力でも移動でき、重い物を運ぶことができる。これは水に浮かぶ浮体には二つの特性があるためである。

一つめの特性は、水からの大きな支持力、すなわち支える力があることである。水中には深さに比例して大きくなる圧力、すなわち水圧があり、これが浮力を生んで下から船を支えている。この浮力を受けるためには水密の器（うつわ）となる部分が必要であり、これを船の場合には船殻（せんこく）と呼ぶ。この船殻が破れれば船は沈む。

浮力は水面下の体積に比例して大きくなる。アルキメデスは、浮力が水面下に沈む体積と同じ体積の水の重さは等しいことを紀元前に発見した。重い荷物を船に載せても、全体の重さが、この浮力に釣り合うかぎり、水に浮くことができる。たとえば1立方メートル、すなわち一辺が1メートルの直方体の器には水中で1トンの浮力が働くので、1トンの重さまでを支えることができることとなる。つまり、一辺が100メートルの四角い平面で、1メートルの深さの浮体だと、働く浮力は1万トンにもなる。いかに浮力というものが大きいかが理解していただけると思う。

この水からの支持力のおかげで、水中の動物はかなり大きくなることができる。陸上の動物で最も大きいのはゾウだが、それよりもはるかに大きいシロナガスクジラが水中を悠々と泳いでいる。これは浮力が大きな体を支えてくれているからにほかならない。同様に水に浮かぶ船は、地面で支えられている自動車や鉄道車両に比べるとはるかに大型にすることができるわけである。

二つめの特性は、水に浮かぶ浮体は、小さな力でも移動させることができるということである。たとえば、水面に浮いている小さなボートを、少しの力で押したり引いたりすると、ゆっくりと移動する。陸上で1トンの荷物を動かすことは容易ではないが、水に浮かぶ1トンの船であれば人の力でも容易に移動させることができる。

これが人類が船を古くから利用した大きな理由である。江戸時代には、江戸（現在の東京）や大坂（現在の

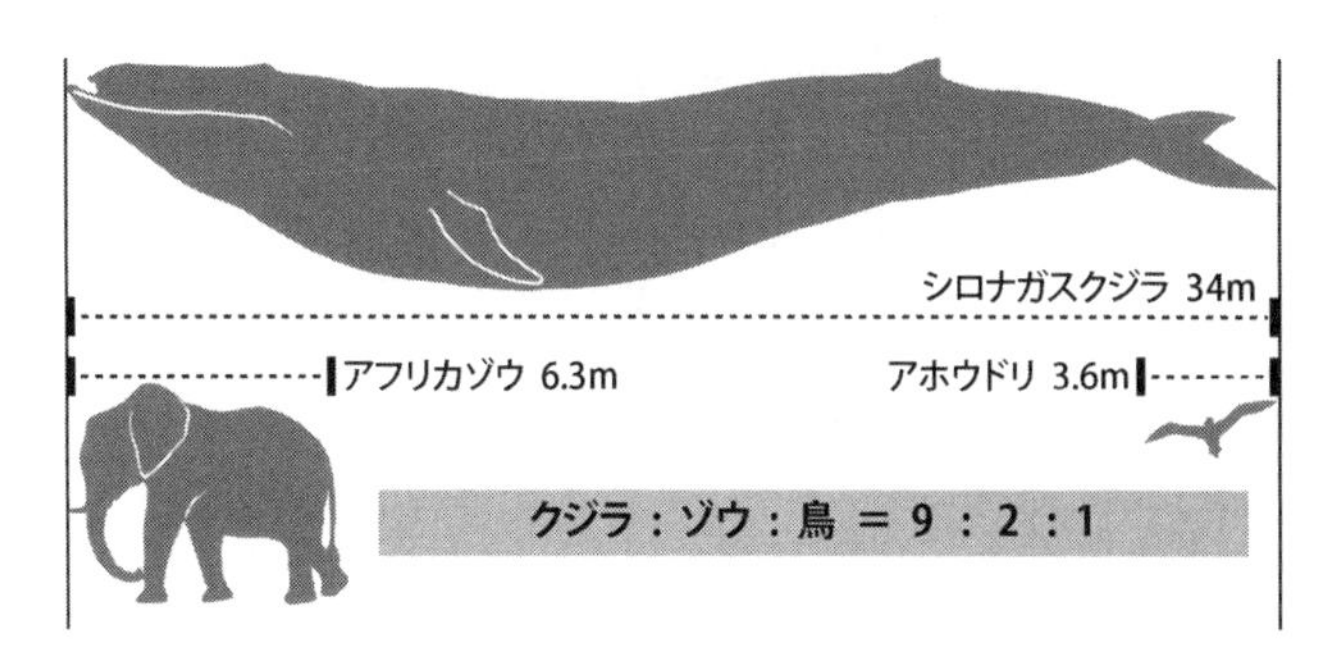

図1-1　支持力の違いによる動物の大きさの違い（クジラ：浮力支持　ゾウ：地面の反力支持　鳥：空気の揚力支持）

大阪）には、町中に運河が張り巡らされた。これは重い米俵などを町の中の倉庫に船で運ぶためであった。

船の進化

人類が作り出した初期の船は、葦を束ねた草舟や、木材をくり抜いた丸木舟から始まった。水に浮く比重が1以下の軽い材料が使われたのは、ごく自然のことである。こうした舟は人が竿で水底を押したり、櫂（かい）や艪（ろ）で水をかいたりして移動した。

やがて大型化するために木材を張り合わせた構造船が登場した。大型になるに従い人力で動かすのは難しくなり、推進力として風の力を使うようになった。船の上にマストと呼ばれる帆柱を立て、そこに布の帆を張って風をはらませて進んだ。こうした木造帆船の時代は長く続き、マストの本数や帆の形の異なる、いろいろなタイプの帆船が登場した。15世紀までは、欧州、中東、アジア等の域内を航行しており、それぞれ独自の船が造られていた。

15世紀初めから、多くの欧州の冒険者が世界規模の航海をするようになり、大航海時代と呼ばれる時代が到来した。たとえば、コロンブスがアメリカまで、バスコ・ダ・ガマがインドまで、マゼランは世界一周の航海を達成した。地球が丸いことは古くから哲学者や科学者によって主張されていたが、実際に丸いことを人々にわかってもらえたのには、こうした冒険者による航海があったのである。

こうした航海に使われた船はいずれも木造で、大きい船では、長さが60メートル程度、幅が16メートル程度にまでなった。中でも有名な木造船がイギリスの戦列艦「ビクトリー」で、現在でもポーツマスの軍港のドック内に保存されているのを見ることができる。大砲の数は104門あり、850人が乗り組み、その重量は3500トンにもおよんだ。

日本の沿岸でも、江戸時代には米などの輸送のための大型木造船がたくさん建造された。一般

写真1-1 アイヌ民族の丸木舟（スミソニアン博物館）

写真1-2 バイキング船は木材をつないで形づくった構造船

写真1-3 風の力で進む帆船は世界各地で独特の船が活躍した。アジアのジャンク船。

には千石船などと呼ばれ、中でも菱垣（ひがき）廻船、樽廻船、弁才船、北前船などがよく知られている。

また、沖縄では中国のジャンク船に似た山原船（やんばるせん）なども活躍した。

鉄の蒸気船の登場

18世紀の後半になって、イギリスのジェームス・ワットが実用的な蒸気機関の開発に成功して、産業革命が起こった。それまで人力に頼っていた各種の製造業が、石炭という燃料を使う動

写真1-4　木造帆船として最大規模のイギリスの戦列艦「ビクトリー」は、18世紀後半から19世紀初めにかけて活躍した。

写真1-5　江戸時代に日本沿岸で人と物資の輸送を行った菱垣廻船の復元船「浪華丸」。（「弁財船、大坂から江戸への海の交易路　～ヨットでたどる風待ち港～　菱垣廻船の航跡」webサイトより。セーリングヨット研究会）

力によって効率的に行われるようになった。

こうした産業革命の中で鉄が大量生産されるようになり、船の材料として使われるようになったのは1800年頃のことであった。木材に比べて強度があり、より大型の船が建造できるようになった。最初は、船の骨組み部分を鉄で造り、その外側に木材を外板として張った木鉄交造船が造られたが、やがて船全体を鉄で造った鉄船が登場した。水に沈む重い材料である鉄を使って造った船を水に浮かばせるには、浮力の原理を理解することが必要だ。

写真1-6 鉄で造られた船で最大の大きさの「グレート・イースタン」は1858年に建造された。

最大の鉄船は、1860年に就航した「グレート・イースタン」で、総トン数は1万8915トン、全長は211メートル、幅は約25メートルであった。外車(外輪)とスクリュー、そして帆装も有した客船で、3000人の旅客を乗せることができたが、あまりに巨大すぎて使い勝手が悪く、客船としては早々に引退した。

鉄船の時代には、船の動力として帆に代わって蒸気機関が使われるようになり、その燃料には石炭が使われた。また推進器としては、船側や船尾で大きな水車

写真1-7　鋼が使われるようになって船舶の大型化が進んだ。1907年に大西洋横断航路に就航したキュナード・ラインの「モーレタニア」は3万1550総トンであった。

写真1-8　第二次世界大戦直前に大西洋航路の定期客船は最大化した。1936年に完成したキュナード・ラインの約8万総トンの「クイーン・メリー」。

を回す外車が使われたが、水中でネジ形の羽根を回転させるスクリュープロペラが開発され、広く使われるようになった。

鋼船(こうせん)の時代

その後、鉄の合金である鋼(はがね)が大量生産されるようになり、鉄船は姿を消して鋼船の時代となった。この鋼が使われるようになって、船には大きさの限度がほぼなくなり、いくらでも大きな船が造れるようになった。

第二次世界大戦後になって、鋼材同士を溶かして接着させる溶接技術、船体をいくつかのブロックに分けて製造して船台上やドック内でつなぎ合わせるブロック建造法などが導入されて、造船の生産性が飛躍的に向上し、大型船が効率よく建造できるようになった。また、世界経済の成長とグローバル化にともなって海上輸送量は急速に増加し、それを効率よく運ぶための大型の専用船が次々と開発され建造された。

超大型船の登場

写真1-9　中東の産油国から大量の原油を運ぶ大型タンカー（日本郵船提供）

中でも原油を産油国から消費国に運ぶ原油タンカーは急速に大型化して、１９７０年代には56万トンもの原油を運ぶ、全長が４５８メートル、幅が69メートル、喫水が24メートルという巨大船まで登場した。大きさのイメージがしにくいが、甲板上にサッカーコートが4面はとれると言えばおわかりいただけるであろうか。ただし、１９７０年代の2回のオイルショックによる原油輸送量の減少と、通過できる航路や使用できる港が限定されることから30万トン級が最適とされるようになり、50万トン級の大型タンカーは、その後姿を消した。

鉄鉱石を運ぶ鉱石運搬船は、２０００年代には40万トンの鉄鉱石を運ぶバーレマックスと呼ばれる巨大船が登場している。

全長は約360メートル、幅65メートル。ブラジルからアジアの製鉄所に大量の鉄鉱石を効率よく運んでいる。

　この他コンテナ船やクルーズ客船では、全長が400メートル余り、幅が60メートル余りの巨大な船が次々と造られ、時速40キロメートル余りのスピードで航海するようになった。長さ335メートルの東京駅の丸の内駅舎よりも大きな建築物が時速40キロメートルで走るところを

写真1-10　ブラジルからアジアに40万トンの鉄鉱石を運ぶ巨大鉄鉱石運搬船「NSUブラジル」(JMU提供)

写真1-11　アジア―北欧州航路を運航する約２万個のコンテナを積む超大型コンテナ船「MOL Truth」(商船三井提供)

写真1-12　2023年時点で世界最大のクルーズ客船「ワンダー・オブ・ザ・シーズ」は約24万総トンで、8000人を超える乗客・乗員を乗せる。(RCI提供)

想像してほしい。船の巨大さ、ダイナミックさをおわかりいただけるであろうか。

それでは船はどれだけ大きくなれるのか？ 人や貨物を運ぶ船は、港や航路の水深の制限があってむやみに大きくはできない。

しかし、浮いているだけの洋上空港、洋上都市、洋上発電施設等ではさらなる大型化も不可能ではない。かつて日本で計画されたメガフロートは、巨大人工浮島と呼ばれ、試設計された洋上飛行場は長さが4キロメートル、幅が1キロメートルという巨大なものであった。その実証のために1999年には、長さが1キロメートルの洋上飛行場が東京湾内に建設され、小型飛行機の離着陸試験が行われている。

地球の温暖化によって海水面の上昇が進んだり、地球のプレートの沈み込みなどで陸地が水没したりするようなことが起こったときには、このような巨大人工浮島が多くの人の命を救うことになるかもしれない。まさに現代のノアの箱舟と言えそうだ。

環境負荷の低減

蒸気往復動機関から始まった船のエンジンには、蒸気タービン、ガスタービン、原子力なども使われているが、商船ではもっぱらエネルギー効率のよいディーゼルエンジンが使われている。ディーゼルエンジンの熱効率は非常に高く、自動車に使われるガソリンエンジンの2倍以上で、その分燃料コストも小さく、地球温暖化に影響すると言われている二酸化炭素（CO_2）の排出量も少ない。

現在、船舶用燃料としては石油が主流ではあるが、排気ガスが少なく環境負荷の小さい液化天

写真1-13　2000年代から環境負荷低減のため液化天然ガス（LNG）燃料を使う船が増えている。6万総トンのバルト海横断航路のクルーズフェリー「バイキング・グレース」もその一つ。石油燃料に比べて、CO_2の排出は25%減り、NOx、SOx、PM等の大気汚染物質も大幅に減少した。下の写真では、マイナス162度のLNG燃料を安全に保管するための特殊タンクが見える。

然ガス（ＬＮＧ）も使われ始めている。また、稼働中に有害排気ガスが排出されない水素やアンモニア等も次世代の船舶用燃料として注目されている。

1-2 船の一生——進水から解撤（かいてつ）まで

船の寿命

船の寿命は、人間に比べるとかなり短い。とくに、海で使われる船では短くなる。それは海水に含まれる塩分が鋼鉄でできた船体を腐食させることが大きく影響している。また、海という大自然で使われるので、波などの自然外力を繰り返し受けて、材料自体が疲労して亀裂が入りやすくなることも寿命を縮めている。さらに、何日間も休みなく働くエンジンをはじめとする機械類の性能がしだいに劣化していき、スピードが落ちたり、機械類の補修にかかる費用が増えていく。また技術開発が進んで、新しい船に比べて性能が劣るようになる。こうした事情から、船の寿命はおおよそ30～40年と決まってくる。

大型船であれば数十億円から数百億円という建造費がかかるので、船の寿命が来たときには、次の船を建造する費用が必要となる。このため、その建造費にあてる費用分を毎年の利益の中から差し引いておくことができ、これは減価償却費と呼ばれている。一般商船の減価償却を計算するうえでの耐用年数は、日本では2000総トン以上の鋼船の場合には原則15年と定められており、これが一応の船の寿命の基準となる。

船の年齢のことを、船齢と呼ぶ。建造後5年までは新造船と呼ばれ、10年を過ぎると老朽船と呼ばれることが多いが、これは主に減価償却上の耐用年数である15年を目安として名づけられて

写真1-14 ストックホルムの港内渡船「グルリ」は、1871年の建造で、船齢は2023年時点で152歳。海水だが静穏な水域で使用されているため寿命が長い。

写真1-15 横浜でレストラン船として活躍する「ロイヤルウイング」は、1960年に竣工した元瀬戸内海航路の定期客船「くれない丸」で、2023年時点で船齢63歳の長寿船だったが、同年引退した。

いる。減価償却を終えた船は、新造船への代替が計画されて、船齢20年前後までに引退することになる。

ただし、引退してすぐに廃棄・解体されることは少なく、ちがう船主に売却されて、第二の人生を歩むことが多い。そして誕生から30〜40年間使われた後、解体されるが、これも船種によって異なり、タンク内の腐食の激しいタンカーなどでは短く、つねにメンテナンスを怠らない客船ではさらに長い寿命を保っている。

また湖や河川などの淡水域や静穏な海域で使われる船では、これよりも長い年月にわたって現役で活躍する場合もあり、中には船齢100年を超える船もある。

船の誕生

船の誕生日は、船の進水のときとされており、そこから船の年齢すなわち船齢が数えられることになる。船は、海岸線に造られた傾斜したコンクリート製の船台と呼ばれる施設の上で建造され、完成すると船に働く重力を利用して滑らせて海上に浮かばせる。また、海岸線近くに掘ったプール状のドックの中で、水を抜いた状態で船を建造して、水を引き入れて浮かばせる方法もあり、この場合にはドックに注水して船がはじめて浮かんだときが進水にあたる。進水時には、盛大な進水式が行われる。とくに船台建造の船の進水式が華やかだ。

一隻の船が進水に至るまでには、船主と造船所の間での交渉（ネゴシエーション）、契約、起工式、ブロックの建造、船台またはドックへの大型ブロックの搭載と接合、スクリュープロペラ等の推進器の取り付けなどが行われる。

進水しても、船はすぐには動くことはできない。造船所の艤装岸壁において、船内の機械類の設置・調整、航海機器類の設置・調整、船内各部の整備作業、内装工事等が行われ、これを艤装工事と言う。

写真1-16　船台を滑り降りて進水する旅客カーフェリー「あけぼの丸」。船の誕生の瞬間だ。

写真1-17　工場の中で建造されクレーンで海上に浮かべられるアルミ製高速旅客船。

写真1-18　狭い河川域での進水には横進水方式もある。

船の完成と引き渡し

すべての艤装工事が済むと、各種の検査が行われる。各種の法規が守られているか、船としての機能がすべて正常か、スピードはでるか、操縦性は正常か。これらのすべての検査に合格すると、船は造船所から船主に引き渡され、造船所を離れる。この時点で、船は竣工したことになる。

船には、人間と同様に名前をつけることが法的に義務付けられている。また、国籍とともに、人間の戸籍の本籍地と同様に船籍港を定め、それを船尾に表示することになっている。船の国籍国のことを旗国とも言う。基本的に船の建造や運航等は旗国の法律に従う。船尾には国籍国の国旗を掲げることが義務付けられている。

また、複数の国の間を行き来する外航船については、国際海事機関（ＩＭＯ）に届けて、ＩＭＯ番号を取得しなければならない。このＩＭＯ番号は、そ

写真1-19 船尾に表示されている船名、船籍港。写真では見づらいが、船名の上にはIMO番号が表示されている。

の船の生涯にわたって変わらず、売船されて船名や船籍が変わっても、その経歴が追跡できるような仕組みになっている。インターネットでＩＭＯ番号を検索すると、その船の経歴を知ることができる。

船の運航

引き渡された船は、船主または海運会社の手で運航されることとなる。商船の場合には、その最初の商業航海を処女航海、メイデン・ボヤージュと呼ぶ。

船の役割はさまざまで、商用に使われる商船、国を守る軍艦、そしてその他の特殊船に分けられる。特殊船には、水産業に携わる漁船、各種の作業船、海上保安庁や税関等の警備船艇、消防艇などさまざまな役割の船が存在する。詳しくは以下の写真ページをご覧いただきたい。

船は、健全な状態で安全に運航されるために定期的な検査が義務付けられている。これをドック検査と呼び、人間の健康検査である人間ドックもこの言葉を由来としている。

このドック検査には定期検査と中間検査があり、船籍国の検査官もしくは委託を受けた船級協会の検査員が行う。定期検査ではドックに船を入れて水を抜き、水面下の船体の状態の検査も行われる。修理が必要な個所については、造船所によって修理が行われる。

商船の種類① 客船

写真1-21

写真1-20

写真1-22

写真1-20　2023年時点で世界最大のクルーズ客船「ワンダー・オブ・ザ・シーズ」(約24万総トン)
写真1-21　日本のクルーズ客船「飛鳥II」(約5万総トン)
写真1-22　極地や未開の地をクルーズする探検クルーズ客船「ナショナル・ジオグラフィック・エンデュアランス」は総トン数1万トンで、旅客定員は128人。
写真1-23　帆走クルーズ客船「シークラウドスピリット」は総トン数約4000トン。旅客定員は136人。
写真1-24　300キロメートル以上の航路を運航する長距離カーフェリー「さんふらわあ さつま」(1万3659総トン)

写真1-23

写真1-24

写真1-26

写真1-25

写真1-25　船首にあるランプウェイから車を積み降ろしするカーフェリー「フェリーあい」
写真1-26　瀬戸内海の離島航路を運航するカーフェリー「フェリーてしま」
写真1-27　瀬戸内海の離島航路を運航する高速純客船「ニューびんご」

写真1-27

商船の種類② 貨物船

写真1-29

写真1-28

写真1-28　規格化されたコンテナに雑貨を詰めて運ぶコンテナ船。世界中の主要幹線定期航路を運航している。ハブ港間を結ぶ航路には2万個以上のコンテナを運ぶ船が運航している。
写真1-29　ハブ港とローカル港の間を結ぶフィーダー航路のコンテナ船は数百～1000個程度のコンテナを積載する。
写真1-30　大量の原油を運ぶ大型タンカー

写真1-30

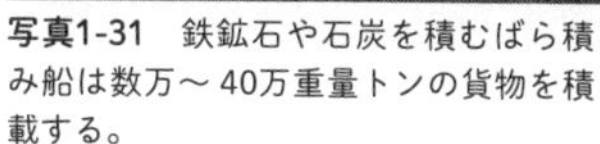

写真1-31　鉄鉱石や石炭を積むばら積み船は数万～40万重量トンの貨物を積載する。

写真1-32　特定の港に入る大型船は船上に荷役装置をもたず、港の荷役施設で貨物の積み降ろしをする。港の岸壁にある荷役装置で荷揚げ中のばら積み貨物船。

写真1-33　穀物等さまざまな貨物を運ぶばら積み船は、荷役用のクレーンを船上にもっている。

写真1-34　トレーラー等の車を運ぶRORO船は、ランプウェイから自走で車両を荷役する。

写真1-35　大型の自動車運搬船（PCC、PCTC）は、乗用車換算で6000～8000台を積載して消費地に運搬する。

写真1-36　マイナス162度の液化天然ガス（LNG）を運ぶLNGタンカー

国を守る自衛艦

写真1-37 洋上防空システムを装備したイージス護衛艦
写真1-38 多数のヘリコプターを搭載した護衛艦
写真1-39 水中に潜って活動できる潜水艦

特殊船① 水産業に携わる漁船

写真1-40 魚を捕獲・保存する漁猟船
写真1-41 水産資源の調査を行う調査船
写真1-42 違法操業等を取り締まる漁業取締船

特殊船② 各種の作業船

写真1-43　大型タンカーの離着岸を支援するタグボート
写真1-44　港や狭水道で船長に操船アドバイスをする水先人(パイロット)の要請船への送迎をするパイロットボート。
写真1-45　大型船に燃料の油を供給する給油船

特殊船③ 海上保安庁や税関等の警備船艇

写真1-46　大型の巡視船「りゅうきゅう」
写真1-47　中型の高速巡視船「ざんぱ」
写真1-48　小型の高速巡視艇「くりなみ」

特殊船④ 消防艇

写真1-49 船舶および沿岸部の火災の消火にあたる消防艇

海難

船は、運航時に座礁、衝突、転覆、沈没、火災などさまざまな事故にあうこともある。こうした船の事故を海難と言う。海難にあった船舶や人員の捜査にあたるのが各国の沿岸警備隊で、英語ではコーストガードと呼ばれ、アメリカをはじめ軍隊の一部となっていることが多いが、日本では自衛隊とは別組織として国土交通省管轄の海上保安庁がそれにあたり、英語名はジャパン・コーストガードとなっている。警備用船艇、航空機を有しており、海難の通報があれば、捜査および人命救助にあたる。なお、広い洋上での海難では、各国の沿岸警備隊だけでは対応しきれないため、付近を航行中の船舶は人命救助にあたることが国際条約で義務付けられている。

人命の救助が終了した後の船舶または積み荷の救助はサルベージ作業と呼ばれ、民間の海難救助会社があたる。海難救助船（サルベージ船）、作業台船、クレーン船等をもち、海難現場に出向いて船体および積み荷の救助を行う。原則的には不成功無報酬で、救助に成功してはじめて救助費用が支払われる。

船主や荷主は海難によって経済的な損失を被る。それを補塡するのが船舶保険、貨物保険、船主責任保険（P&I保険）である。かつては、老朽船を故意に沈没させて保険金をだまし取ることもあり、現在では船舶の状態が正常であることを船級協会が検査して、船に船級が与えられてはじめて保険に加入できるシステムになっている。

海難時の損傷については、沈没もしくは大破して修繕が不能な場合には全損（トータルロス）とみなされる。全損となれば、船の一生はここで終わる。

写真1-50　座礁したカーフェリー

写真1-51　追波中の大傾斜により荷崩れを起こして横倒しになったカーフェリー

船の大規模改造

一生の間に、その姿を大きく変える船もある。需要に対して船の大きさが小さくなった場合には、船体の長さを延ばしたり、デッキ数を増やしたりして大型化し、これをジャンボ化工事と呼ぶ。長さを延ばす場合には、船体中央を輪切りにして、間に新しい船体を挿入する大規模工事も行われる。

写真1-52　輪切りにして、間に新しい船体を加えて大型化するクルーズ客船

写真1-53　船体の上に客室を増築して旅客定員を増やしたカーフェリー

また、用途を変更するための大改造もある。古くは、第二次世界大戦開戦前後に日本では6隻の客船が航空母艦へと改造されている。貨物船からクルーズ客船へ、タンカーから病院船への改造事例等もある。

売船

減価償却を終えた船は、代替船の建造を待って売却されるのが一般的である。売却された船の多くは発展途上国等において第二の人生を送ることが多い。この売却の仲介をするのが船舶ブローカーである。日本シップブローカーズ協会には、2023年現在で50社が加盟している。

また、船主の経営不振、不況による船腹過剰等により比較的新しい船でも売船されることもある。さらに船価の上昇を見越して新造船の建造を投機目的で発注しておき、進水前や艤装中に売船される場合もある。

解撤

役割を終えた船舶は、解体されて部材はリサイクルにまわされることになり、これを解撤と言う。かつては日本でも解撤工事が行われていたが、現在は、人件費の安いバングラデシュ、インド、トルコなどの発展途上国で主に行われている。

写真1-54　海岸に乗り上げさせて解体される船（藤木洋一氏提供）

解撤作業は、遠浅の海岸に船舶を全速で直角に乗り上げさせて、船首側から順次解体を進めるビーチング式と、岸壁等に浮かべた状態で上から解体していくアフロート式がある。

発展途上国の解撤場では油やアスベスト等の有害物質の適正処理が行われず、解体現場での海洋汚染、安全対策の不備による作業員の死傷事故が多く、安全確保のため２００９年にはＩＭＯでシップリサイクル条約が採択された。この条約が発効されれば、５００総トン以上の全船舶に、船内にある有害物質等の概算値と場所を記載した一覧表であるイベントリの作成と維持管理が義務付けられ、管轄する当局が承認した船舶リサイクル施設でのみ解撤ができるようになる。

解体船から搬出された機器や部品は中古品市

場に売却され、鉄材は線材にリサイクル、または電気炉鋼材の原料となっている。中でも鋼材のリサイクルを行うことにより、鉄鉱石を原料にして高炉で鋼材を作るのに比べてCO_2の排出を75％余りも削減することが可能との報告もある。

第2章 船と力

2-1 船を浮かべる力――浮力

船が水に浮くのは、水から受ける浮力が船の重さを支えているからである。この浮力がなぜ働くのかを考えてみたい。

空中や海中に浮くとは――重力と浮力の釣り合い

あらゆる物質には質量がある。地球上の物質には、地球からの引力が働き、それが物質の質量に働き、その物質の重さすなわち重力として人には認知される。地球上の空気や水にも重さがあり、地表ではその上空にある空気の重さが、海底ではその上にある水の重さが圧力となって働いている。前者が大気圧と呼ばれ、後者は水圧と呼ばれる。

大気圧は、地球上からの位置が高くなるほど低くなり、水圧は水面から下方に深くなるほど高くなる。このように高さに比例して圧力が変化する大気中や水中に置かれた物体に働く力が浮力である。浮力が働く理由を水中の場合を例にとって簡単に説明すると、水中にある物体の上面に働く下向きの水圧よりも、その物体の下面に働く上向きの水圧のほうが大きいため、下から上に向かう力のほうが打ち勝って物体には上向きの力が働くこととなる。これが浮力である。この浮力を利用した輸送機関が、大気中では気球や飛行船であり、水上や水中では船や潜水船というこ

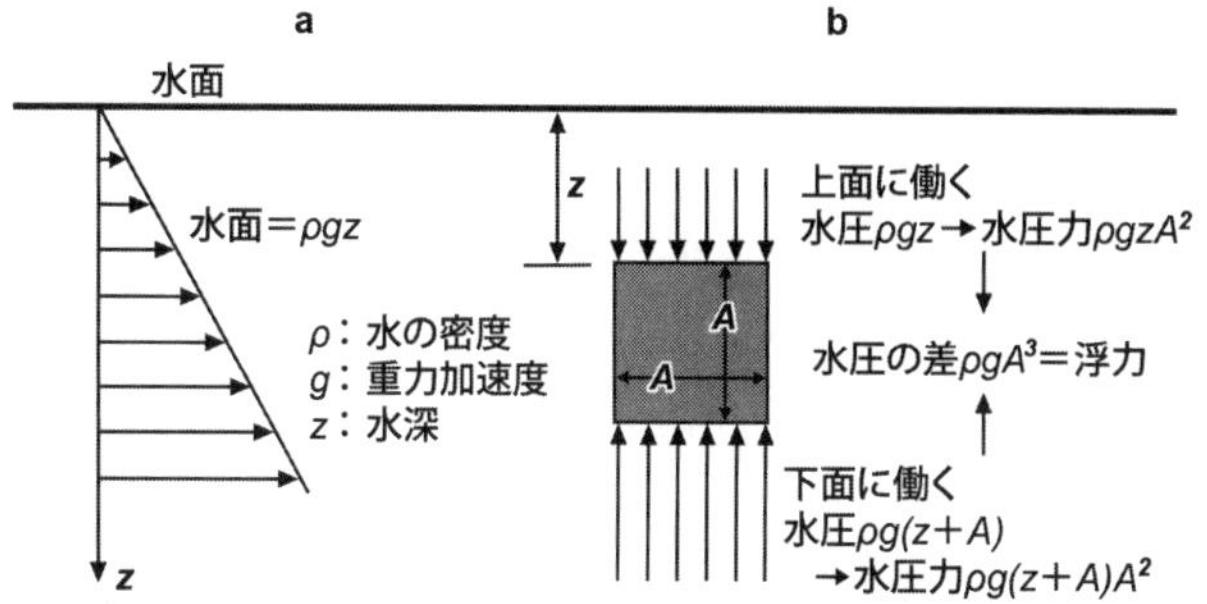

図2-1 浮力が生まれる原理：水中に沈む物体の上面に働く下向きの水圧と、下面に働く上向きの水圧の差で浮力が生まれる（池田良穂著『図解 船の科学』講談社ブルーバックスを参考に作図）

とになる。

物体に働く重力が浮力よりも小さければ物体は上方に移動し、大きければ沈む。そして両者が同じ大きさだとその場所に留まる、すなわち静かに浮くことができる。

たとえば大気中に浮かぶ気球は、気球内部の空気を温めることで空気を軽くして、気球に働く重力を減らすことによって浮上できる。また水に潜る潜水船は、船体の中に水を入れることで自重を増やして潜水し、その水を排出して自重を減らして浮上する。すなわち、重力と浮力が異なると、物体は浮上したり、沈下したりする。

海面に浮く船舶は、船体に働く重力と、水から受ける浮力がちょうど釣り合っている。このように、船舶にとっては、重力と浮力という二つの力のバランスがたいへん重要となる。

浮力 = 同体積の水の重さ

図2-2　アルキメデスの原理：没水する物体の形にかかわらず、浮力は没水体積と同体積の水の重さに等しい

アルキメデスの原理

この浮力の計算法を見つけたのがアルキメデスであり、アルキメデスの原理として広く知られている。その原理は非常にシンプルで「浮力は物体の形にかかわらず、水中に沈む物体の体積と同体積の水の重さに等しい」というもの。言いかえると、物体が押しのけて排水した水の量（重さ）となるため、船舶用語では排水量と呼び、それが船の重量と等しくなる。

このアルキメデスの原理を数式で書くと、

浮力＝水の密度×重力加速度×没水部体積

となる。密度とは単位体積あたりの質量であり、重力加速度は地球からの引力、すなわち重力により生ずる加速度で、地球上では約9・8m／s^2である。

この式からわかるように、浮力は水の密度が変わると変化する。水の密度は、塩分濃度と温度によって変化する。清水の場合、水の密度は約４度のときに１立方メートルで約１トンとなる。これより温度が高くても低くても水の密度は減少する。従って、世界をまたいで移動する船舶では、北の冷たい水域と南の熱い水域で浮力の大きさがちがうこととなる。船には、これ以上積み荷を増やしてはいけない、満載喫水線と呼ばれる喫水線が決まっており、国際規則で表示が義務付けられている。喫水線とは、船が浮かぶときの水面の位置のことである。その満載喫水線には、写真２－２のようにいくつかの喫水線が表示されており、これは海水と淡水、そして温度によって密度が変わり、船の喫水が微妙に変化することに対応している。

また世界中には、川にも港がたくさんある。たとえば、ドイツ最大の港であるハンブルク港は、エルベ川を１００キロメートルほどさかのぼったところにあり、川に入ると淡水になって水の密度が減り、船に働く浮力は海水より少し小さくなって船体は沈む。このときに川底をすらないように注意する必要がある。

図2-3　アルキメデスのイラスト。紀元前200年代に活躍したギリシアの数学者・物理学者・技術者。©アフロ

水に浮くか沈むかを示す比重

一般的に、水に浮くか沈むかは、比重で判断することができる。比重とは、ある物体の質量と、その物体と同体積の水の質量との比であり、前述のアルキメデスの原理よりわかるように、

写真2-1　船舶には積める重さの法的限界があり、そのときの水面の位置が満載喫水線である。喫水は船底からの高さで表すのが一般的である。

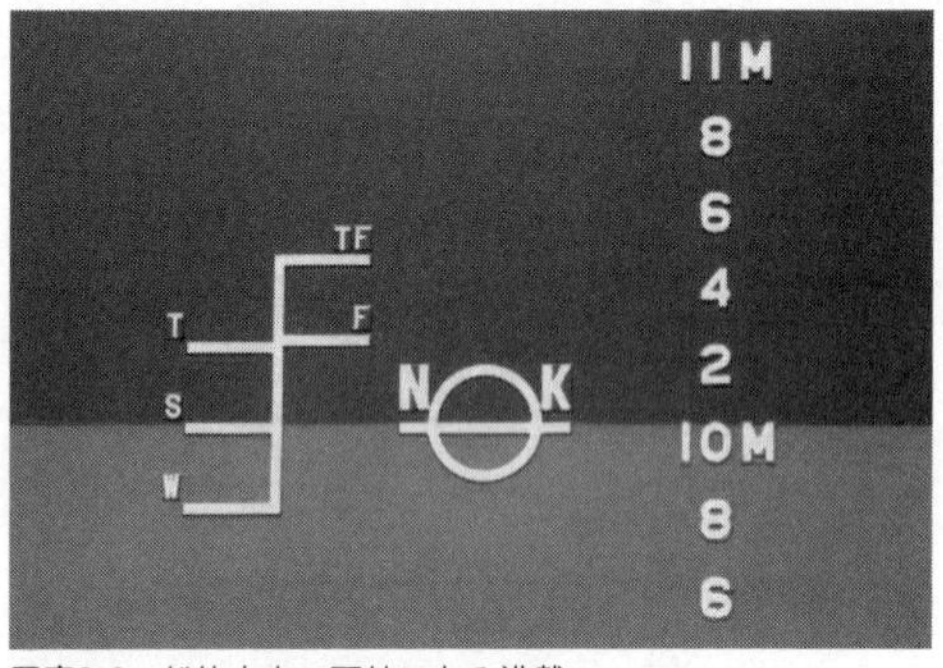

写真2-2　船体中央の両舷にある満載喫水線（乾舷）マーク。丸の中の水平線が満載喫水線の位置だが、水温の違いおよび淡水の場合、夏期や冬期の水温と気象によって異なる線が表示されている。
TF：熱帯淡水　F：夏期淡水　T：熱帯
S：夏期　W：冬期

物体と同じ没水体積の水の質量の重さは浮力に等しいので、比重が1の物体は水の中で浮いて漂い、1以下の場合には水に浮かび、1以上であれば水の中に沈む。多くの木材は比重が1以下なので水に浮かぶが、金属の鉄は比重が約8であり、水には浮かずに沈む。

比重が1以上で水に沈むはずの鉄でできた重い器がなぜ水に浮かぶのかを考えてみよう。器の重さは形を変えても変わらないが、浮力は水中の体積を増やせば大きくできるという特性が重要なポイントになる。つまり、鉄でできた器の体積を増やして浮力を増やし、器の重さ（重力）と釣り合うようにすればよいことがわかる。すなわち、鉄を薄く延ばして水が入らない器にして、その没水体積を増やせば浮力が増えて重い鉄でも水に浮かべることができる。その場合、鉄の塊は比重が約8だが、鉄でできた器の比重は1以下になっていることになる。これは同じ重さでも塊より中空の器は実質的な密度が小さくなると考えてもよい。密度とは物体の質量を体積で割った値だが、鉄の器の内部が軽い空気で満たされているので体積は増えたが、器自体の質量は変わらないので、体積あたりの質量すなわち密度が小さくなったこととなるわけである。金属の鍋が水に浮くのもこの原理に従って理解でき、巨大な船が水に浮くのも同様である。

2乗3乗の法則

地球上にあるあらゆる物体は、重力と同じ大きさの力で下から支えられなければならない。た

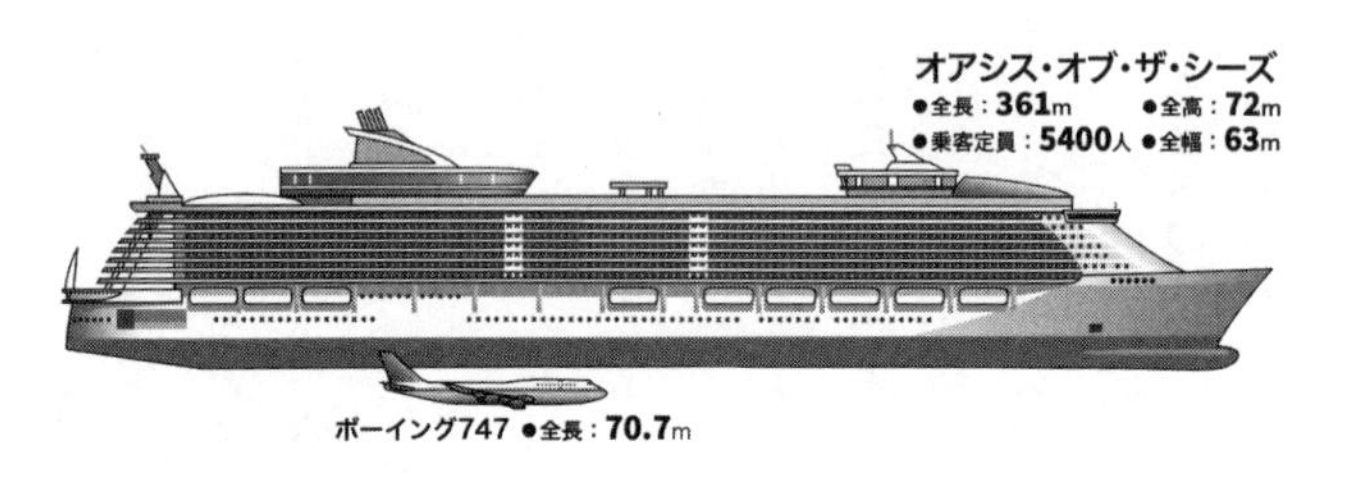

図2-4 世界最大級のクルーズ客船と飛行機との大きさ比べ

とえば空を飛ぶ鳥は、重力と同じ大きさの揚力を空気から受けて空中に浮かび、地上にある物はすべて地面からの反力で支えられ、水中にある物は水からの浮力によって支えられている。

物体に働く重力はおおよそ体積に比例しており、寸法の3乗に比例する。一方、鳥や飛行機の翼に働く揚力はその面積に比例するので、寸法の2乗に比例する。2乗曲線と3乗曲線はある点で交差して、その交点以上では3乗曲線のほうが大きくなる。このことから寸法の2乗に比例する揚力は、ある大きさ以上になると3乗に比例する重力を支えられなくなる。すなわち、揚力で自重を支える飛行機はある程度以上には大きくできない。これが民間航空機の大型化が長年アメリカのボーイング社のジャンボジェット機で留まっていた理由である。

一方、水から受ける浮力は、アルキメデスの原理からもわかるように体積に比例するので、寸法の3乗に比例する。

従って、どのような大きさであっても重力と浮力を一致させることができる。すなわち、船の場合には大きさの限界がないことになる。これが巨大な船が登場できるわけであり、こうした考え方を「2乗3乗の法則」と呼ぶ。

第1章の図1－1にも示したように、地球上の水中、陸上、空中で活動する動物の大きさにもこの法則が当てはまる。たとえば、水中に棲む動物で最も大きいシロナガスクジラ、陸上に棲む動物で最も大きいゾウ、空中に飛ぶ鳥の中で最も大きいワタリアホウドリを比べるとその大きさに大きな違いがあるのは、この2乗3乗の法則で理解することができる。

2009年に登場した、当時世界最大のクルーズ客船「オアシス・オブ・ザ・シーズ」とジャンボジェット機の大きさを比べると図2－4のような違いがある。

写真2-3　ダニエル・ベルヌーイ　©アフロ

水が流れれば浮力が変わる

これまでの説明では、水が静止していることを前提としており、こうした状態の水を静水と呼び、このときの水の中の圧力は静水圧と言う。同じ発音で清水があるが、これは塩分を含まない水の意味なので混同しないようにしてほしい。

一方、水が流れると水の中の圧力に変化が起こる。このと

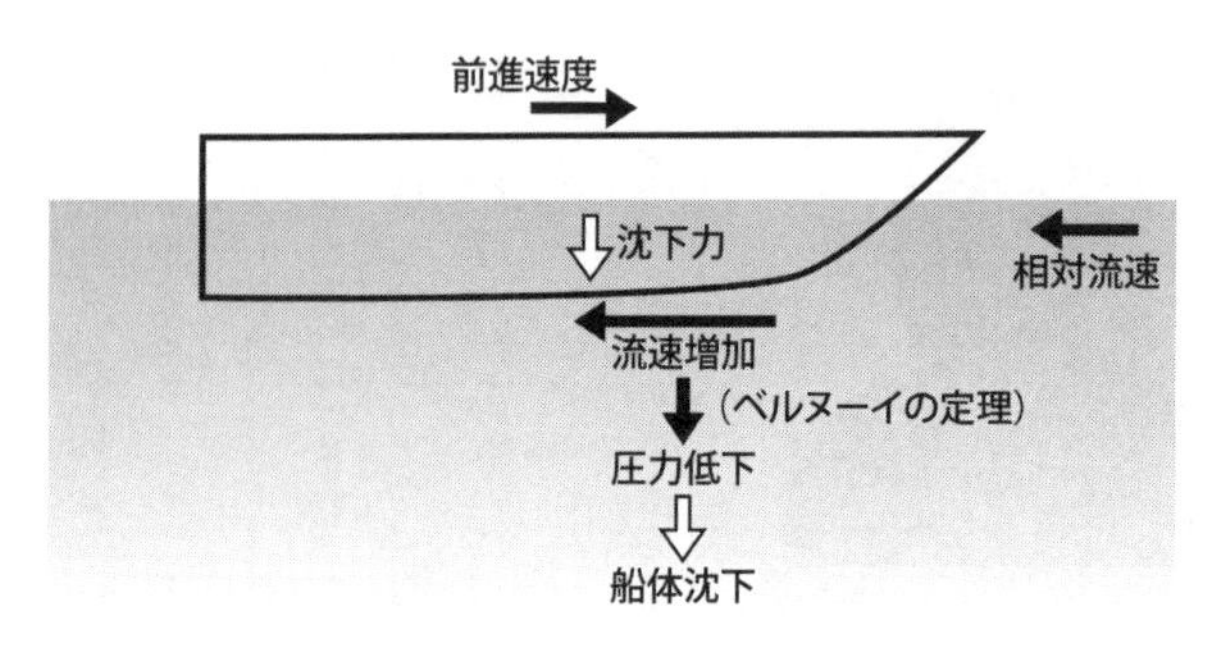

図2-5　航走時の船体沈下の原理：船体が動くと船体周りの水の流れが加速し、圧力が低下して船が沈下する。（池田良穂著『図解　船の科学』講談社ブルーバックスを参考に作図

きの圧力を支配しているのがベルヌーイの定理である。1700年代に活躍したスイスの物理学者ダニエル・ベルヌーイは、流体の速度が増加すると圧力が下がることを示し、流れることによって生ずる動圧と、静圧の和が一定になることを明らかにした。ここでの静圧は、前述の静水圧とは異なり、流れの場の中のある点での圧力を示している。

ベルヌーイの定理：動圧＋静圧＝一定（総圧）

動圧とは、流速の2乗に流体密度を掛け、さらに2分の1を掛けたもので定義される量である。この定理は、流体が流れて動圧が増加すると、静圧が低下することを示している。たとえば、空気中を車が走ると、車の周りの流れは加速されるのでその周辺の圧力が下がる。このことは高速で車が横を走るときに身近に体験する現象で、速い風を感じるとともに、人は車のほうに吸い寄せられることとなり、たいへん危険である。

同様に船も走ると船体周りの流れが加速されて圧力が下がる。左右の圧力による力は相殺されるので左右には力が働かないが、船底の圧力は下向きの力を生み、走行する船を少し沈下させる。すなわち、見かけ上、浮力が減少する効果がある。従って浅い水域を高速で航行する船舶では、座礁に気をつけなくてはいけない。この走行にともなう船の沈下を、シンケージ（sinkage）と呼ぶ。

動圧を利用して浮上する船

前述のように、船は走ると動圧で少し沈むが、船の周りの流れに基づく動圧をうまく利用して、上向きの力を増加させて浮上する船もある。それが滑走艇と呼ばれる船種で、英語ではプレーニングボートと呼ぶ。

滑走艇は、少し船首を上げた姿勢で航走して船首近くの船底に高い圧力を発生させて、その上向きの力で船体を浮上させる。この高い圧力もベルヌーイの定理によって説明ができる。船首船底付近にぶつかった流れは二つの流れに分かれる。その分岐点では流速がゼロになっており、ベルヌーイの定理の中の動圧がゼロとなるので、静圧すなわち物体に働く圧力が最大になる。この

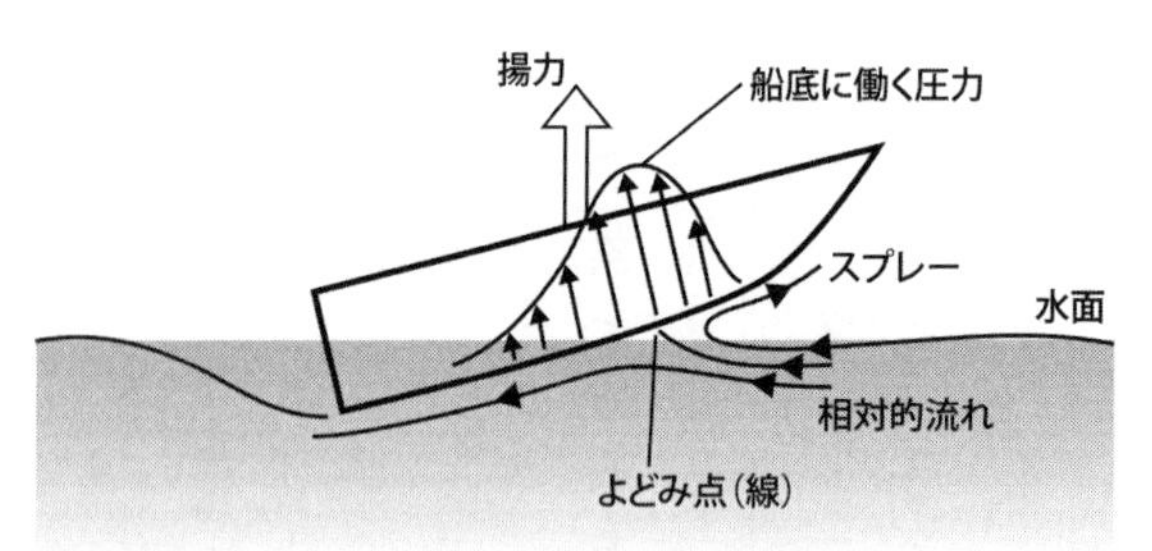

図2-6 滑走艇が浮上する原理：船首を少し上げて高速で走ると、船首船底によどみ点(線)が発生して、その付近の圧力が上昇して上向きの揚力が生じ、船体が浮上して滑走する。(池田良穂著『図解　船の科学』講談社ブルーバックスを参考に作図)

点を流れのよどみ点、英語ではスタグネーション・ポイントと呼ぶ。よどみ点での圧力が高くなるのは、流れがせき止められたことによる圧力の上昇と考えると理解がしやすいかもしれない。滑走艇の場合には、船首船底付近に、よどみ点が線状に連なるよどみ線（スタグネーション・ライン）を作ることによって、高い浮上力を得ている。滑走艇では、このよどみ線をできるだけ長くするために、幅が広く、喫水の浅い船型になっているのが一般的である。よどみ線より前方の流れは、薄い膜になって船体表面に沿って斜め前方に流れて、最終的にはスプレーすなわち水の飛沫となる。

流体力学的には、流体の流れに基づく動的な圧力を利用した上向きの力は揚力と呼ばれ、静水圧から得られる浮力とは区別している。

重さの大部分を揚力で支える船を滑走艇と呼び、

揚力と浮力の両方で支える船を半滑走型船と呼ぶ。代表的な滑走艇としては競艇に使われるレースボートや、世界最速記録をもつ「スピリット・オブ・オーストラリア」（時速514キロメートル）が挙げられる。ただし、2乗3乗の法則からわかるように、滑走艇は船底に働く揚力によって浮上して抵抗を減らしているため大型にすることはできず、船の長さが100メートル以下の小型船がほとんどで、大型になるほど浮力で支える割合が大きくなる。半滑走型の船は、高速の旅客船、軍艦、巡視艇などにみられる。

写真2-4 水中に沈めた水中翼に働く揚力で船体を持ち上げて高速航行する水面貫通翼型水中翼船。水中翼が水面を貫通しているタイプで、傾いても自動的に復原力が働く。

水中翼で船体を持ち上げる水中翼船

滑走艇のように船底に働く揚力を利用するより、もっと効率的に船体を完全に浮上させて、船体に働く抵抗を減らすのが水中翼船である。この水中翼船の開発の歴史は140年以上と意外に古くから行われてきた。アイディアとしては19世紀半ばにはすでに考えられていたが、当時は船体とエンジンが重くて、なかなか浮き上がることはできなかった。1900年前後に、プロトタイプの水中翼船が世界各地で試作され、時速60キロメートル以上の速力を記録した。

実用的な水中翼船が現れたのは、第二次世界大戦後のことで、ドイツのフォン・シェルテルが開発して、スイスに設立したシュプラマル社が、乗客定員32人の水中翼旅客船PT10を登場させた。

このシュプラマル社の水中翼船は、水中翼が水面から突き出て、水中と空中の両方に翼のあるタイプで、半没水翼型水中翼船と呼ばれる。翼が斜めに水面を切っており、船にとっては最も大事な横復原力（よこふくげんりょく）が自動的に働くようになっている。すなわち、空中にあった翼が傾くと、傾いた側で没水量が多くなって揚力が増加し、それが復原力として働き船の傾きを自動的に戻すことができるのだ。ただし、この大きな復原力が、波の中での運動を激しくするというデメリットもあり、荒れる水面での乗り心地は悪い船であった。

日本でも瀬戸内海や伊勢湾等で多数活躍したが、現在はすべて姿を消している。海外では、ロシアでの建造が盛んで、河川、湖、内海などで活躍している。

揺れない水中翼船ジェットフォイル

この波の中での激しい運動をなくする画期的な水中翼船が、アメリカの航空機メーカーであるボーイング社によって開発された。これが全没翼型水中翼船で、アメリカ軍のミサイル艇として開発され、その旅客船版がジェットフォイルと呼ばれる。水中翼が完全に没水しているため、船が傾いても復原力は働かないが、水中翼に取り付けたフラップで揚力を制御することで、実質的な復原力を発生させた。すなわち、飛行機と同じ制御を自動的に行い、走行中に直立を保つことに成功した。また、船体を動揺させる波からの外力も小さくなり、揺れをほとんどなくすることに成功した。すなわち、波の中でも揺れない夢の船が登場したことになる。エンジンには航空機用のガスタービン機関を舶用に転用して、後部の水中翼の底から吸い込んだ海水を、ウォータージェット推進器で後方に噴出することで推進力を生み出した。その速力は45ノットに達したが、

写真2-5 全没翼型水中翼船ジェットフォイル：(上)浮上前加速時 (下)完全浮上時

図2-7 ジェットフォイルの水中翼配置(東海汽船提供)

写真2-6　双胴の間にある水中翼で船体を浮上させて高速をだす水中翼付双胴船「道後」。

唯一の欠点が大型化が難しいことだった。水中翼に働く揚力は、翼の面積に比例するが、大型化することによる重量を支えきれなくなるためである。これは航空機の大型化が難しいのと同様で、前述の2乗3乗の法則で理解することができる。

現在は、日本の離島航路（佐渡、伊豆諸島、隠岐、壱岐・対馬、五島、種子島・屋久島）でのみ稼働しており、川崎重工業がライセンス建造をしている。

水中翼付双胴船

水中翼付双胴船は二つの船体（胴）をもつ双胴型で、その船体の船底に水中翼を取り付け、揚力で船体を持ち上げて抵抗を減らして高速航行をする。いわば半滑走型船と水中翼船の中間とも言え、30ノット前後の速力をもつ高速旅客船が多い。水中翼のフラップを制御して、横揺れだけでなく縦揺れも軽減できる。

このタイプの船では、横に傾いても船体が没水して復原力が発生するので、ジェットフォイルのような高度な姿勢制御システムの必要はない。日本では三保造船所（大阪）や日立造船（大阪）で開発され、日本各地の離島航路等で活躍している。

2-2 船の強さ――船体構造と船体強度

人間の体に似た船体の構造

船は、過酷な大自然である海で、安全に航海できなくてはならない。このためには、頑丈な船体が必要となるが、頑丈にすればするほど船体は重く、搭乗人数や荷物の重量は減り、経済性のない船舶となる。そこで、軽くて強度も十分にある船体構造が生み出された。その構造は、骨と皮からなる人間の体のつくりに似たものであった。

まず、背骨にあたる竜骨（キール）が船首から船尾までの船底に置かれ、それに肋骨（フレーム）が取り付けられて左右の上方に伸びる。肋骨の上端には、左右をつなぐ梁（ビーム）が取り付けられる。この骨格の外側に外板（シェルプレート）および甲板（デッキ）が張られている。とくに没水部の外板部分は、水が漏れないように水密にする必要がある。

このように骨と板で構成された船体主要部を船殻（せんこく）と呼ぶ。船が完成してしまうと、内部の肋骨や梁を見ることがなかなかできないが、カーフェリーに乗船したときには車両甲板ではたくさんの肋骨や梁からなる構造の一部を見ることができる。また、船体の外部から肋骨の位置を知ることができることもある。それは肋骨を溶接するときの熱により外板が変形することによって、外

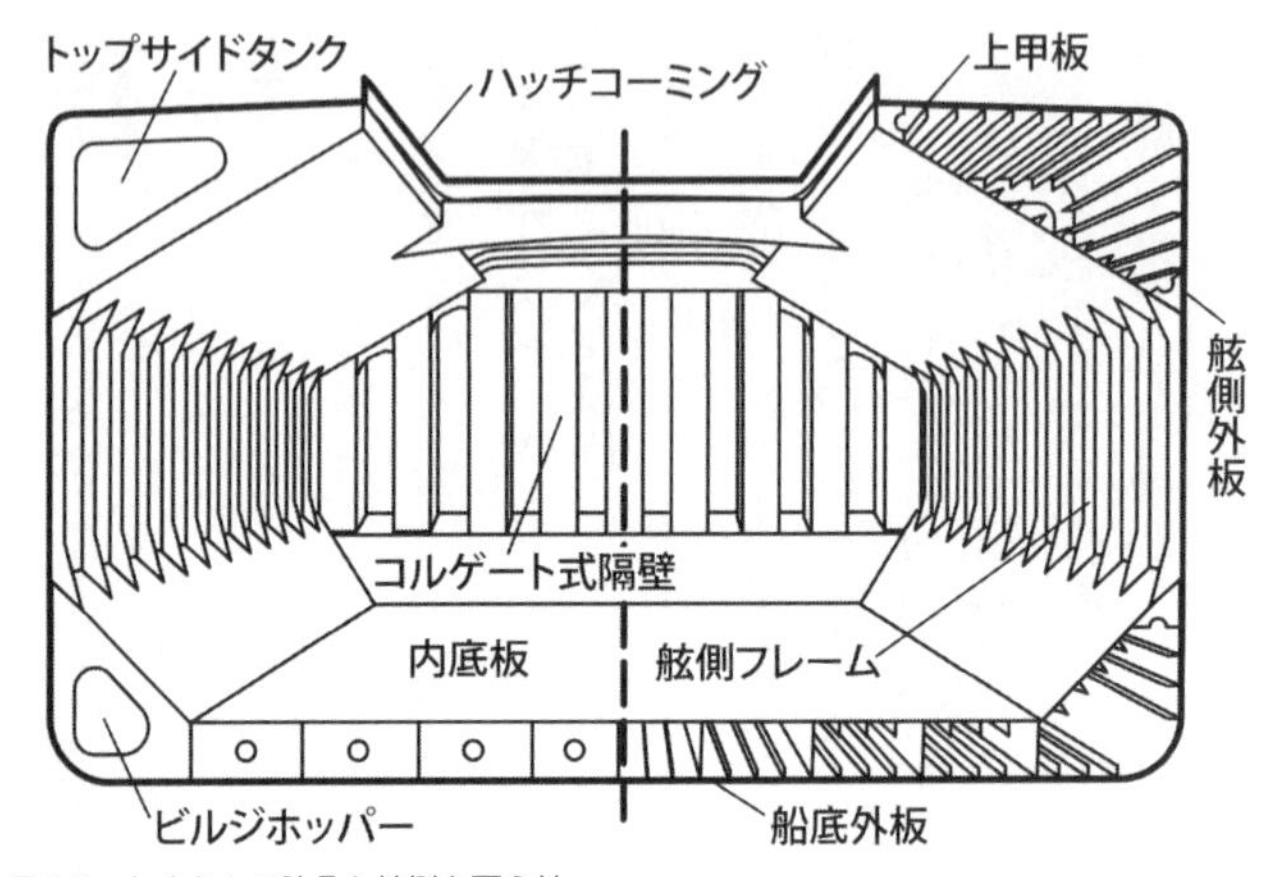

図2-8　たくさんの肋骨と外側を覆う外板・甲板からなる船の内部構造の一例（ばら積み貨物船）（日本船舶海洋工学会監修『船舶海洋工学シリーズ⑥船体構造　構造編』成山堂書店を参考に作図）

写真2-7　たくさんの肋骨や梁で内部から支えられた船体構造の様子をカーフェリーの車両甲板で見ることができる。

板が波打って、ちょうど肋骨部分が少し飛び出るからである。これを、やせてあばら骨が浮き出ている馬にたとえて、やせ馬状態と言う。新造船のやせ馬は、建造時の溶接による熱変形によるが、老朽船では激しい波の力を受け続けて外板が変形してやせ馬状態になっている場合もある。

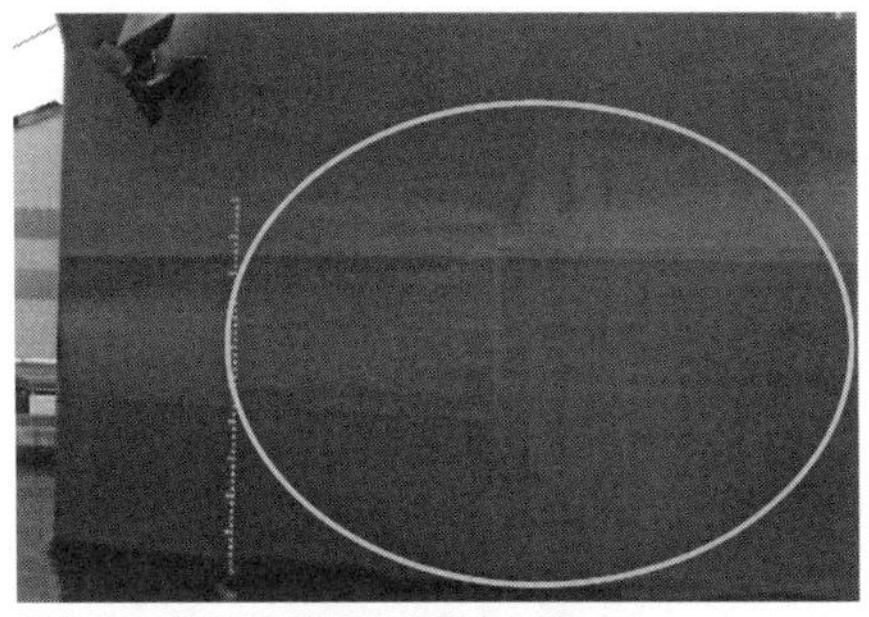

写真2-8 船殻の外側からも船内の肋骨の位置がわかるやせ馬状態は、溶接による熱変形によって生まれる。

写真2-9 老朽船になると、何度も激しい波を受けて外板が変形してやせ馬状態になることもある。

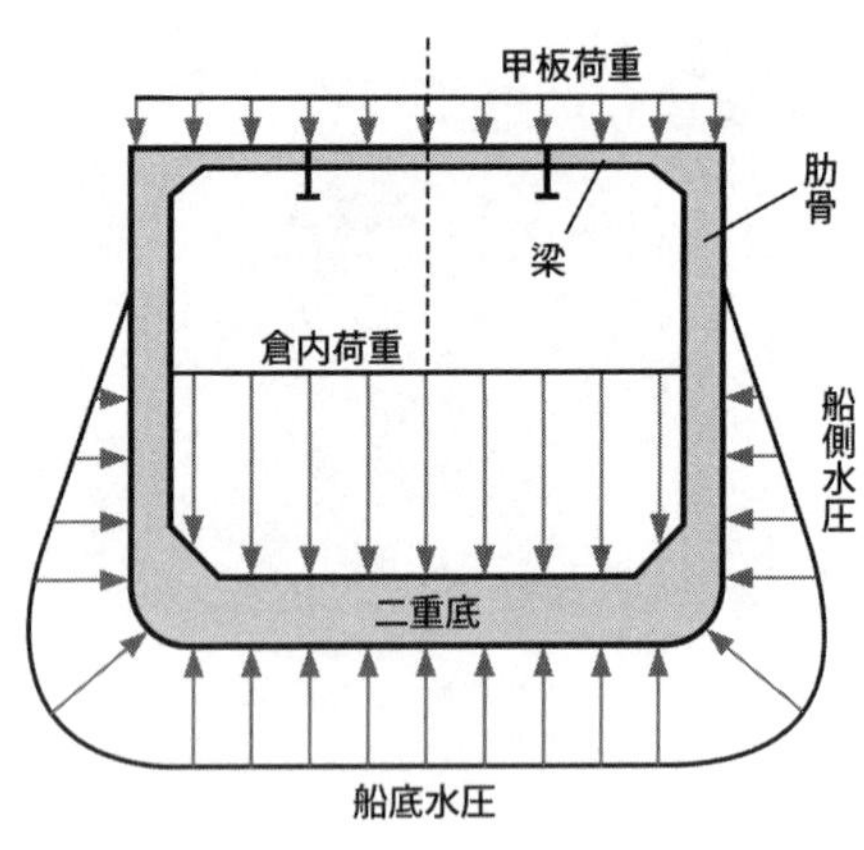

図2-9　船体断面に働く外力（水圧、倉内荷重、甲板荷重）に負けずに船体形状を維持するのが横強度

船体がつぶれないための横強度

船殻の構成部材は、外部から受ける水圧や波浪外力、内部からの貨物の荷重等に耐えるだけの強度をもつように設計される。

まず、船体には、外部からの水圧や、内部からの船内貨物による荷重によって変形したり押しつぶされたりしないような強度が必要となり、これを横強度と呼ぶ。この横強度を受けもつ大事な部材として肋骨があり、船の長さ方向に等間隔にたくさん配置されている。この間隔をフレームスペースと言い、船舶の一般配置図（GA：ジェネラル・アレンジメント）にはフレームのある位置と番号が明示されている。

横強度に大きな貢献をする部材としては、船の長さ方向に何枚か設置されている水密隔壁、座礁時の浸水を食い止めるための二重底、衝突時の浸水を最小限にするための二重船殻などもある。

船体が折れないための縦強度

船舶は航走時の抵抗を減らすために細長い形をしており、その棒状の船体にさまざまな外力が働くことで時として折り曲げられる。これによる変形や損傷を防ぐのが縦強度である。

まず、単純化して、長方形断面の細長い角棒の強度を考えてみよう。この棒をへし折ろうとする場合、折る方向によって必要な力は驚くほどちがう。すなわち断面形状が横長の面に対して折るか、それとも縦長方向に折るかの違いである。同じ棒であるにもかかわらず、折る方向によって折れやすさがまったくちがうのである。

この違いを数値的に表すのが断面係数と呼ばれる係数で、曲げようとする力に対する抵抗、すなわち曲がりにくさを表す。長方形断面の角材の断面係数は、幅×高さの2乗÷6となる。

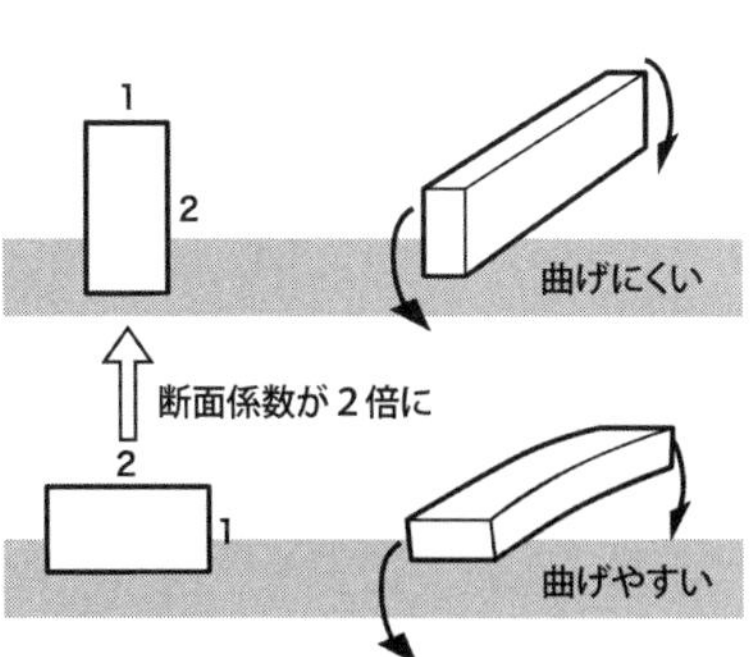

図2-10　曲がりにくさを表す断面係数は、同じ断面積をもっていても曲げる向きで大きく異なる。

つまり、部材の高さが高いほど断面係数は2乗の割合で急速に大きくなる特性をもっている。このことは、同じ材料で、同じ断面積でも、断面形状の違いで折れにくさに大きな違いがあることを示している。たとえばプラスチック定規の両端を持って、平らな面の方向に曲げるのは簡単だが、それを縦にして曲げるのは至難の業となる。これは断面係数が異なるためである。

船の場合も同じで、波や船内貨物による曲げ応力に十分に対抗するように船殻の断面係数が決められる。船の幅に比べて深さ（＝乾舷＋喫水）が大きい船は縦強度が大きく曲がりにくいのに対して、船の幅に比べて深さが小さい船は曲がりやすい。また、一本一本の骨材についても断面係数に応じて曲がりやすさがちがうため、十分な縦強度を維持するためにその本数や厚さを設計することが必要となる。

船に働く外力

船の強度を考えるうえで、船体に働く力、すなわち外力を正確に見積もることが必要となる。

船に働く大きな外力の一つに波による力がある。船の前方または後方から大きな波を受ける場合を考えてみよう。波の波長（波の山から隣の山までの水平距離）が船の長さに等しい場合に、波の山が船体中央にあるときには、船首と船尾は波の谷にあることになる。このときには船体中央の浮力が増えて上向きの力が船体に働き、船首と船尾では浮力が減るので下向きの力が船体に

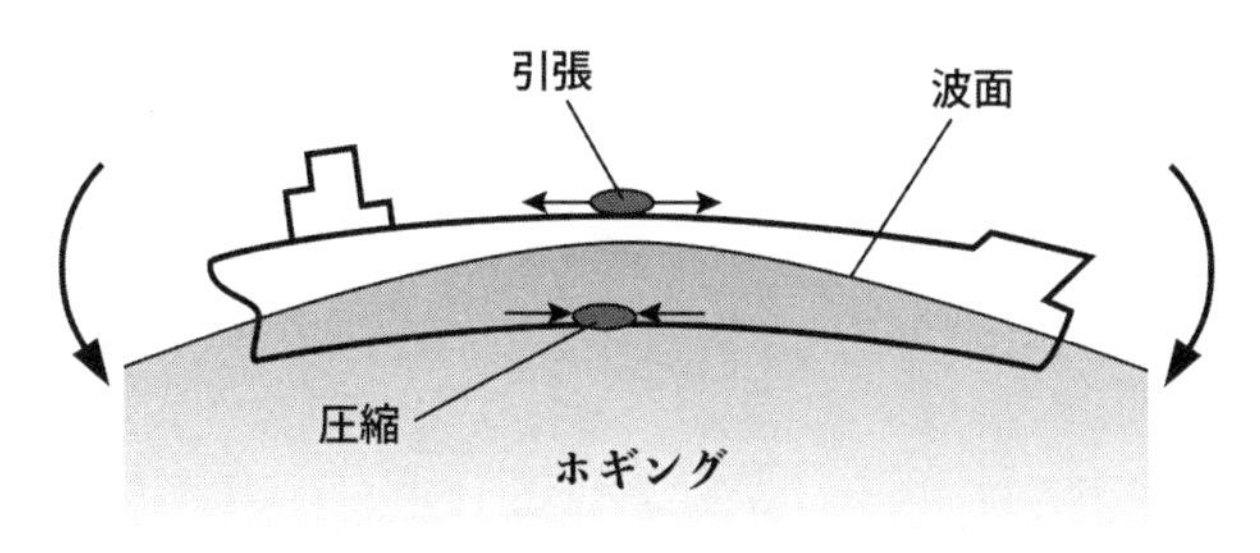

図2-11　船に働く波の力（ホギング状態）

働く。すなわち、船体には中央を上にした凸形に曲げる力が働くことになる。この状態をホギング（hogging）と呼び、このときに船体上面の甲板には水平に引っ張る力が働き、船体下部の船底の外板には水平方向から圧縮する力が働く。これらの力が材料の切断もしくは座屈する力を超えると船体には亀裂が入ったりする。これに抵抗するのが船体中央部の断面係数であり、前述の角棒のように、断面形が縦長のほうが断面係数が大きくなり、横長のほうが小さくなる。

以上に述べたのは、波の形が比較的規則正しい正弦波状の場合の外力であるが、強い低気圧の中などでは波は荒れ狂い不規則な波となり、波の頂上では形が崩れて砕波する。こうした急峻な波が船体に当たることで大きな外力が働く。この力は主に局部的な衝撃力になることが多い。

波の中で船体が揺れることによって働く外力もある。とくに船首船底が水面上に出た後、落下して水面に叩きつけられたときに働くスラミングによる力は巨大なものとなることもあり、

写真2-10　波からの衝撃圧を受けて大きなスプレーを上げて航行する船舶（山口剛司撮影）

船首部の破断にまで至った事例もある。船体運動によって船体内の貨物が運動することによる力、船内のタンク内の液体貨物が暴れるスロッシングによる力にも耐えるだけの強度を船体構造はもつ必要がある。

実際の船の断面係数は角棒のように単純ではなく、多数の骨材と平板からなるので、その一本一本の断面係数を足し合わせることで船としての断面係数が求められる。このように船の縦強度は、船殻を構成する部材の縦横比を調整しながら、十分な強度になるように設計される。

縦横強度を組み合わせた船体構造

船体強度では、前述したように横強度と縦強度の二つが大事になるが、船の大きさや種類によって、この二つの強度を満足させる構造様式は変わってくる。一つは横強度を維持するための横強度部材であるフレーム、ビーム、フロアを中心として構成される形式で、横式構造と呼ばれる。これに対して縦強度を強くできるように船の長さの方向に長いロンジ（縦通肋骨）と呼ばれる縦強度部材を骨組みの中心にしたのが縦式構造と呼ばれ、横式構造の船よりも船殻が軽くなり、大型のコンテナ船、鉄鉱石運搬船、重量物運搬船等に採用されている。

写真2-11 縦式構造の超大型コンテナ船の断面には縦方向の骨がたくさん配置されている。

局部強度

船体全体の強度の他に、船体が岸壁と接触する部分、波からの強烈な力を受ける船首部分、舵やスクリュープロペラを支える船尾部分、重い各種機関を設置する機関室などでは局部的に骨の数を増やしたり、外板の板厚を増したりして強度を高めておく必要がある。これを局部強度と言う。

恐ろしい金属疲労

金属には、繰り返して周期的な応力を受けると材料素材自体が変質して亀裂が生ずることがあり、これを金属疲労と言う。船舶は波から繰り返し力を受け、さらにエンジン等の振動などがあり、構成部材はつねに応力にさらされているため、金属疲労が起こる。とくに、部材のつなぎ目や角部では、応力集中という現象が起きやすく、そこから金属疲労による亀裂が発生し、それが進展する。このため、設計時点で応力集中の起こりにくい形状にすることが必要となる。

また、金属疲労による亀裂をいち早く見つけて、亀裂の進展を止めることが重要であり、日々の部材状況の点検が船舶の安全運航には欠かせない。亀裂が発見されると、亀裂の先端に丸い穴を開けることで応力集中を弱めて、亀裂の進展を抑える応急処置を行うこともある。

2-3 船を起き上がらせる力——復原力

最大の船の悲劇「転覆」

船にとって最大の悲劇は、転覆であろう。転覆とは、船が逆さまにひっくり返ることで、船が復原力を失うことで起こる。その原因は、人や荷物の積みすぎ、座礁、衝突、大波、海岸線近くでの砕波、大きな追波(おいなみ)などさまざまである。

復原力とは、物体が中立状態から外れたときに、中立状態に戻る能力を指し、復元力と書かれることが多いが、船舶の場合には復原力と書かれるのが一般的である。中学や高校の物理では、機械的なバネによる復元力を学んだが、船舶における復原力は本章冒頭で説明した浮力が変動することで生まれる。たとえば静かに水面に浮かぶ船が沈下すると浮力が増加して平衡状態に戻そうと浮上し、傾斜すると浮力が横にずれることにより傾斜を戻そうとする偶力（モーメント）が発生する。これが船舶の上下の揺れや、横傾斜や縦傾斜の復原力である。なかでも横傾斜に対する復原力は横復原力と呼ばれ、船の転覆を防ぐうえでも最も重要なものであり、船舶の世界で、単に「復原力」と言うと、この横復原力のことを指す場合が多い。

写真2-12　横復原力を失って大傾斜した自動車運搬船（©UNITED STATES COAST GUARD）

横復原力の生まれる原理

船が横方向に傾斜すると、片方の舷が沈み、その反対方向の舷は空中にでる。沈んだ舷側の浮力の増加と、浮いた舷側の浮力の減少で、図2－12に示すように浮力の作用線が沈んだ舷のほうにずれて、船の傾斜を戻そうとするモーメントを生む。これが、浮力から復原力が生まれる原理である。

このときの復原力は、数学的には、傾いたときの船の重力の下向きの作用線と、水から受ける浮力の上向

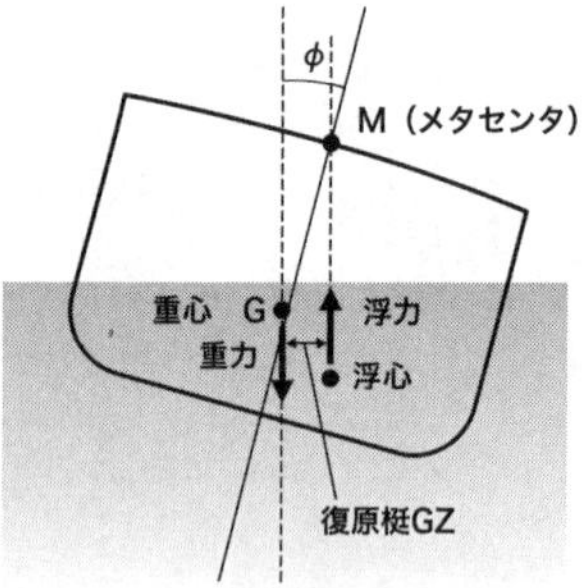

きの作用線のずれの距離（ＧＺ）と、船の重量（排水量）の積で表される。作用線のずれの距離ＧＺを復原梃と言う。すなわち、横傾斜に対する船の復原力は、

復原力＝排水量×ＧＺ

で表される。ＧＺが正の値のときには船は傾いても中立に戻り、負の値になれば傾くとそのまま転覆に至る。排水量は船に働く浮力と同じ大きさである。

図2-12　船の横復原力が生まれる原理（池田良穂著『図解　船の科学』講談社ブルーバックスを参考に作図）

横復原力の指標、メタセンタ高さとは

船の復原力は、横傾斜が小さいときには特異な性質をもつ。それは傾いたときの浮力の作用線と船体中心線との交点が、傾斜角によらずほぼ一点にあることに起因する。この交点Ｍをメタセンタ（metacenter）と呼び、この点と重心との距離をメタセンタ高さ（metacentric height）といい、ＧＭで表す。重心がメタセンタより低い位置にあるときがＧＭは正と定義され、船は正立に戻す復原力が働く。メタセンタＭの位置がほぼ不動のため、復原力は、

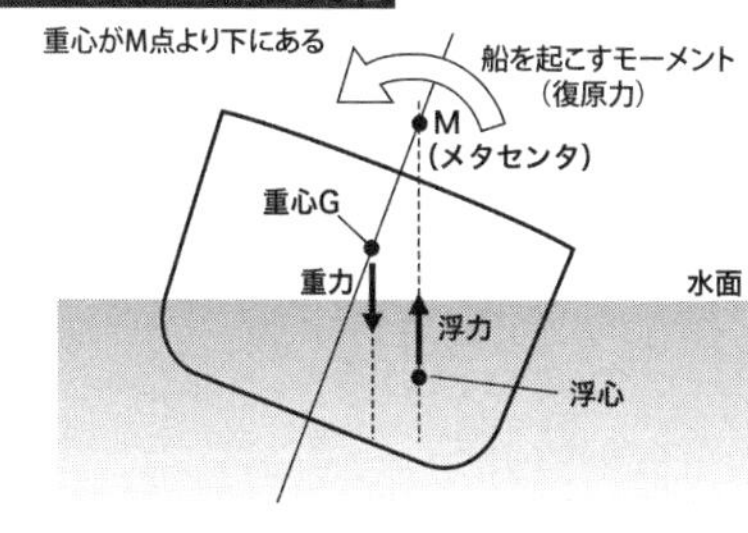

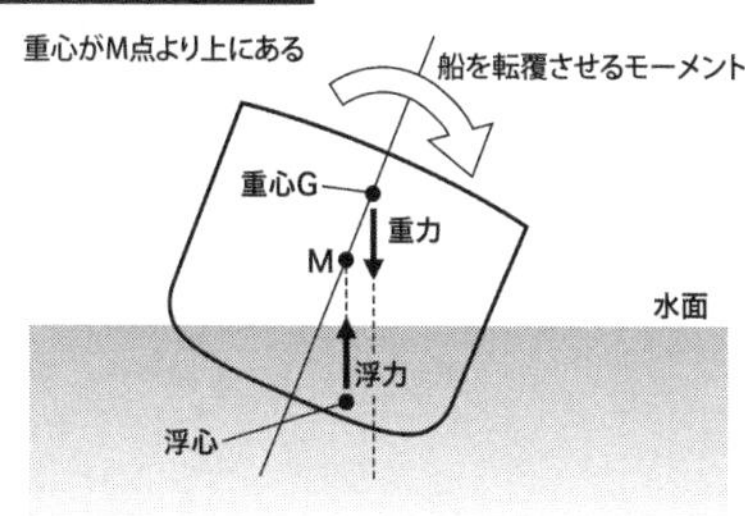

図2-13　重心と横メタセンタの上下位置で復原力の正負が決まる。(池田良穂著『図解　船の科学』講談社ブルーバックスを参考に作図)

$$\text{復原力} = \text{排水量} \times GM \times \sin\phi$$
$$\fallingdotseq \text{排水量} \times GM \times \phi \quad （\phi\text{が小さいとき}）$$

で表すことができる。ここでϕは横傾斜角（単位はラジアン）である。

メタセンタMの位置は、船体形状と喫水が決まると容易に計算ができ、水線面（船体が水面を切る水平断面）の幅が大きいほど、また排水量が小さいほど高くなる性質をもつ。すなわち、幅広で軽い船ほどメタセンタの位置は高くなる。

船の設計段階で船型が決まるとメタセンタ位置がわかる。GMを正にするためには、重心がメタセンタ位置よりも低くなるように船を造らなければならない。

GMが大きいほど復原力が大きく転覆しにくいが、大きすぎると波の中で激しい横揺れを起こすので乗り心地は悪くなり、荷崩れを起こしやすい。一方、GMが小さな船は、トップヘビーな船と言われ、風などの外力を受けると大きく傾くが、波の中での揺れは柔らかく乗り心地がよい。ただし、小さすぎると小さな外力でも転覆しやすくなるので注意が必要となる。

このようにGMは、船の復原力を簡易に評価するにはよい指標だが、GMが一定値なのは横傾斜角が小さなときに限られており、傾斜角が約15度以上になると成り立たなくなる。その場合には厳密に計算した復原梃GZを使って復原性能を評価する必要がある。

復原力曲線

横傾斜角に対する復原梃GZを計算して図示した曲線を復原力曲線（stability curve）と言い、専門家はGZカーブと呼ぶ。船の形状が決まり、重心位置をあたえると復原力曲線が計算でき、現在はコンピュータを使って船体周りの静水圧を積分して求めるのが一般的である。

一般に、横傾斜角に対して山形の曲線となり、小角度におけるGZカーブの傾斜角（ラジアン）がGMにあたる。曲線の頂点の値GZ_{max}は船が耐えられる最大の傾斜モーメントを表し、曲線が正から負に変わる点は復原力消失角（vanishing point of stability）と呼ばれて、転覆に至る限界角を表している。また、GZカーブの積分値は、その傾斜角まで船体を横傾斜させるためのエネルギーを表す指標となり、動復原力（dynamic stability）と呼ばれる。

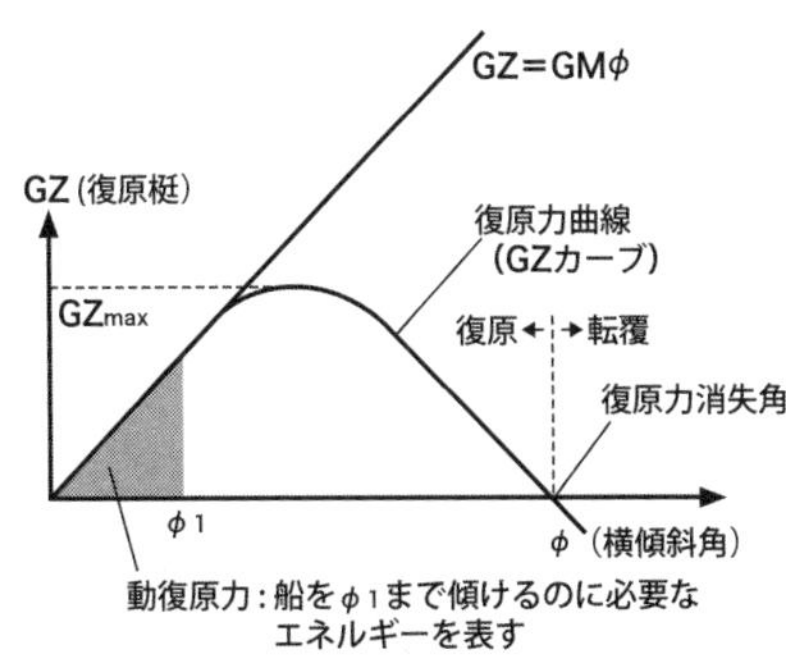

図2-14　復原力曲線（GZカーブ）（池田良穂著『図解　船の科学』講談社ブルーバックスを参考に作図）

復原力を減らす要因

船の横復原力の減少を起こす原因の中で、最も単純だが最も頻繁に発生しているものが、重心の上げすぎにある。発展途上国などで、フェリーが乗客の乗せすぎによって重心が上がりすぎて転覆したというニュースはよく聞く。このような重心が高い状態をトップヘビーと呼び、船にとっては最も危険な状態と言える。

一般的に背の高い船はトップヘビーになりやすいため、クルーズ客船等では船体の上部に軽いアルミニウムを使って重心の上昇を防ぐ場合もある。最近のクルーズ客船は背の高いものが多いが、水面下船体の幅を広く扁平にすることでメタセンタを高くしたうえで上部を軽く造っているために、十分な復原力が確保できている。また、旅客定員を増やすために客室を増設したことによりトップヘビーとなって復原力が不足した場合には、船体の喫水付近を部分的に膨らませたバルジと呼ばれる浮力体を取り付けて、幅を広げる工事が行われる。

復原力を減少させる要因の一つとして、船内に積んだ液体の影響があり、自由水影響（free-water effect）と呼ばれている。船が傾くと液体は傾いた舷に移動して復原梃を減らす。このた

写真2-13 背が高く、一見トップヘビーにもみえる最近のクルーズ客船は、上部に軽い材料を使い、幅を広げて十分な復原力を確保している。

写真2-14 客室を増設してトップヘビーになったカーフェリーでは、喫水付近にバルジを取り付けて幅を広げることで復原力を確保している。

め、液体貨物を積載するタンカー等では注意が必要であり、また、海難時に船内に海水が流入したときや、船火事の消火作業で水が船内に溜まったときにも復原力が減少して転覆にまで至ることがある。1994年にバルト海で転覆・沈没して800人余りの犠牲者を出したクルーズフェリー「エストニア」では、船首のランプウェイが波に叩かれて壊れて、そこから海水が広い車両甲板に溜まって復原力が減少して一気に転覆した。これも船内自由水の影響である。

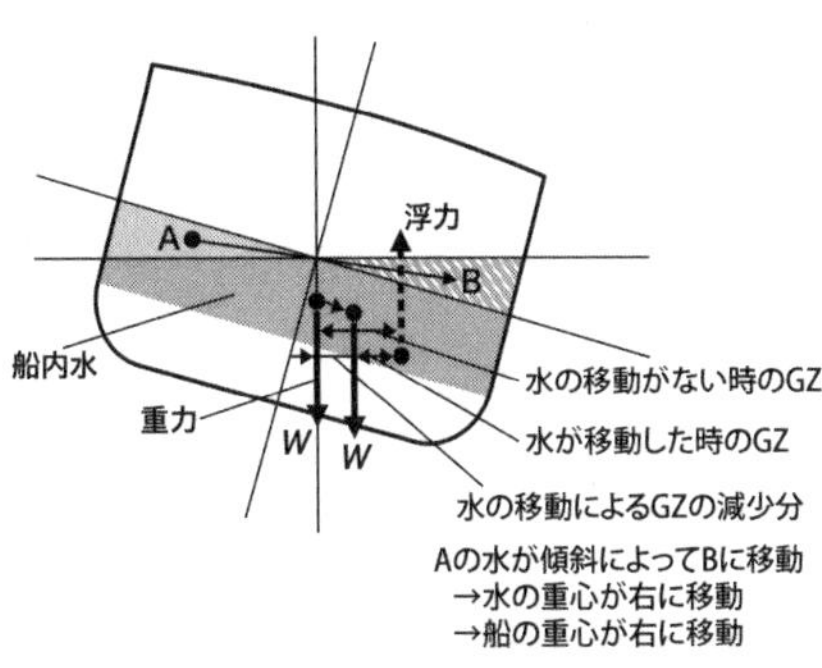

図2-15 船内の自由水が復原力を減少させるメカニズム（池田良穂著『図解 船の科学』講談社ブルーバックスを参考に作図）

また、船尾方向からの波を受けて航行する船では、波によって復原力が減少することが知られている。とくに船の長さと同じくらいの長さの波を後ろから受けながら航行するときに、復原力が減少して大きく傾くことがあり、追波中の復原力減少と呼ばれている。これにより荷崩れを起こして横倒しになったり、転覆・沈没したりする海難も少なくない。とくに追波の進行速度と船の速度が近くなり、波の山が船体中央付近に留まるようになると危険性が増す。

横復原力を計測する方法

造船所で船が完成すると、復原性を調べる傾斜試験が行われる。静かに船を浮かべた状態で、船体中心線上に置いた錘（おもり）を片方の舷に移動させて、船の傾斜角ϕを測る。この錘の移動距離と傾斜角の計測値から、次式でGMの値がわかる。

$$GM = (錘の重さ \times 移動距離) / (船の排水量 \times \tan\phi)$$

ただし、これは船が造船所で完成した状態でのGM値であり、人、いろいろな荷物、燃料やバラスト水などを積むとGM値は変化する。

実際に運航中の船の復原力を測ることはできない。そのため港において、荷物の重さや積載位置、燃料やバラスト水の積載量等をチェックして、一等航海士が、復原性の不足がないかを計算または推定して確認することになる。また、コンテナ船などでは、積載する1個ずつのコンテナの重さを計測して、十分な復原力が確保できるように積み付けをコンピュータで計算するシステムも導入されている。

非損傷時復原性と損傷時復原性の国際規則

船の復原性は、非損傷時復原性（intact stability）と損傷時復原性（damage stability）に分けて検討される。いずれもＩＭＯの国際基準によって規定されている。

非損傷時復原性規則は、船が健全な状態、すなわち船体が壊れていない状態で十分な復原性をもっていることを規定するもので、一般復原性要件と波浪中復原性要件（Weather Criteria）からなっている。

一般復原性要件は、復原力曲線自体に関する規定で、ＧＭの値、ＧＺの値、ＧＺの最大値となる傾斜角、ＧＺカーブの面積等について所定の条件を満足することを求めている。

波浪中復原性要件は、船が推進機能を失い制御不能の状態で、横風、横波の中で漂流しながら同調横揺れをしているときに、転覆をしないだけの復原力をもつことを要求している。また、パラメトリック横揺れ等の動的不安定性に対する要件を加えた第2世代の非損傷時復原性基準も制定されている。

損傷したときの復原性

船舶が他船に衝突されたときに、沈没または転覆をしないように、船内の区画および復原性を確保することを要求するのが損傷時復原性基準で、正式には船舶区画規程と呼ばれている。

この規則は、元々は1912年に北大西洋で氷山に衝突して沈没し1500人以上の死者を出した客船「タイタニック」の沈没事故を契機として、国際的なSOLAS条約として制定された。SOLASとは、海上の生命の安全性に関する条約の英語名の頭文字をとった略称で、正式にはセーフティ・オブ・ライフ・アット・シーである。

この損傷時復原性基準は、船殻内をいくつかの水密区画に分割して、船の衝突で穴が開いて浸水しても沈没したり転覆したりしないようにするための規定で、船の種類、乗客の数、船の長さなどによって水密区画の大きさや、復原性能の要件などが決められる。

写真2-15　座礁して穴が開き浸水して横転した大型クルーズ客船「コスタ・コンコルディア」

現在は、客船および乾貨物船に対しては、あらゆる損傷のケースについての生存確率を計算して、その総和が要求値を上回ることを要求する確率論的な規則が用いられている。とくに客船については、水密隔壁部分を含むどの部分に軽微な損傷を受けても沈まないことを規定するマイナーダメージに関する要件、浸水が始まってから浸水が止まるまでのあらゆる段階で復原力を失って転覆しないこと、どの区画が損傷しても乗客・乗員を乗せて近くの港まで戻ることができるセーフ・リターン・ツー・ポートという要件も課されており、その安全性を担保している。

なお、日本の内航旅客船については、国際航路船に適用される国際規則より若干緩和された規則が一部適用されている。

また、タンカー等については、衝突で区画が損傷したときの浸水計算を行って、既定の条件を満足すればよいとする決定論的方法に基づく規則で判定がされる。

不沈船とは

船体に損傷を受けても転覆したり沈んだりしない方法はないのか。2022年に北海道の知床半島沖での小型観光船「KAZU I(ワン)」の沈没事故(死者20名、行方不明者6名)が起きたときにはそう思った人も多いはずだ。

じつは、転覆も沈没もしない船がある。その一つが大型船の船上に積まれている救命艇(ライフボート)である。救命艇は、重心を十分に低くしており、転覆して逆転しても重心が高いところにあるために自動的に起き上がるという特性がある。さらに船内の空所に発泡ウレタン等を充塡して水が入らないようにしているために、たとえ船殻に穴が開いても、水面に浮かんでいるだけの浮力を維持するようにできている。

帆走ヨットも、転覆しても起き上がるだけの復原力をもつものが多い。帆に風を受けて走るヨットは、帆に働く大きな風力が船を傾けるので、船底にセンターキールと呼ばれる重い板を付けている。このセンターキールは風による横流れを防ぐとともに、重心を下げることで船に大きな復原力をあたえており、たとえ横転して真っ逆さまになってもヨットは元に戻る。

転覆船の救助

転覆した船がすぐに沈むとは限らない。写真2－15に示すように横転した状態で浮かんでいる場合もある。船内の一部に空気が残り、それが船の浮力を増しているためである。この場合には

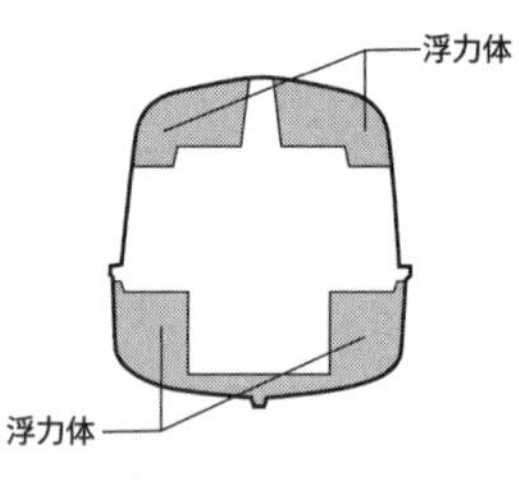

図2-16　浮力体を空所に充填して不沈化した救命艇の断面

写真2-16　不沈化構造の救命艇

写真2-17　帆に大きな力を受けて走る帆走ヨットは、センターキールで重心を下げており、横転しても起き上がるだけの復原力をもつ船である。

逃げ遅れた人が、船内に閉じ込められたまま生存している可能性もある。とくに船底を上にして転覆している場合には、船殻が水密・気密になっており、空気のある場所に閉じ込められていれば人が生存していることもある。そのような場合には、転覆した船体をできるだけそのままの状態に保って、船内に生存者が確認されれば、水面下の入り口から潜水夫が救助に向かう。転覆船が海底に沈んだ状態であっても同様に生存者がいる可能性があるので、決してあきらめてはならない。

写真2-18 船底を上にして転覆した船舶。船内に空気があり、そこに生存者がいる可能性もある。

潜水艦の沈没事故の場合には、特殊な潜水艦救難船が使われる。日本の海上自衛隊には、潜水艦救難艦「ちよだ」と「ちはや」があり、搭載している深海救難艇を潜水させて潜水艦のハッチに接続して、乗員を救出することができる。

2-4 船が進むのをじゃまする力——抵抗

プールの中を走る

プールの中で走ろうとしても、空気中とは違って、なかなか前には進めない。これは体に大きな水の抵抗が働くためだ。これは水の密度が大きく、地上の空気の約800倍あるため、その密度差で抵抗も800倍に増えるからだ。

では、立って走るのをあきらめて、体を水平に浮かせて手足を使って泳いでみると、走るよりはるかに速いスピードで移動ができる。このことから、密度だけでなく、進行方向に細長い形になると抵抗が減ることも実感できる。

また、水面で泳ぐよりは、潜水したまま泳ぐほうがスピードがでる。このことは水面付近を移動すると抵抗が大きくなることを示しているようだ。

本節では、船舶に働く抵抗について詳しくみてみよう。

さまざまな抵抗成分

水面上を走行する船舶に働く抵抗は、なかなか複雑だ。それをいくつかの成分に分離することを考えたのは、1800年代にイギリスで活躍した船舶工学技術者ウィリアム・フルードである。フルードは、抵抗を摩擦抵抗と造波抵抗に分けて、それぞれの成分の科学的特性を明らかにし、模型船の抵抗を水槽で計測して、実船の抵抗を推定する方法を考案した。この方法は、船の造波現象が、ある無次元数によって決まることを基礎としており、その無次元数はフルード数(Froude number)と呼ばれている。フルード数とは、船の速度を、船の長さと重力加速度の積の平方根で割った値である。このフルード数が同じだと、船の造る波の形は相似になり、できる波の高さも相似になる。この関係がわかったため、模型船を使った水槽実験で、実船の抵抗を正確に求めることができるようになった。

現在、船の抵抗は、摩擦抵抗、造波抵抗、粘性圧力抵抗（造渦抵抗）に分けるのが一般的である。フルードの時代には考えられていなかった粘性圧力抵抗が加わったのは、タンカー等の肥大船と呼ばれる船型が現れて、船尾付近で流れの剥離が発生して新たな抵抗成分が顕著になったためである。

また、高速船型では船首での波が砕けることにともなう砕波抵抗も考慮する必要があることが指摘されている。

写真2-19　ウィリアム・フルード
©アフロ

無限流体中で最も抵抗の少ない流線形

水中や空気中を走る物体の中で抵抗が最も少ないのが流線形と呼ばれる形であり、図2－17に示すように、先端は丸く、全長の前から3分の1程度のところで幅が最大となり、後端に行くに従ってしぼむ形状である。流線とは流体

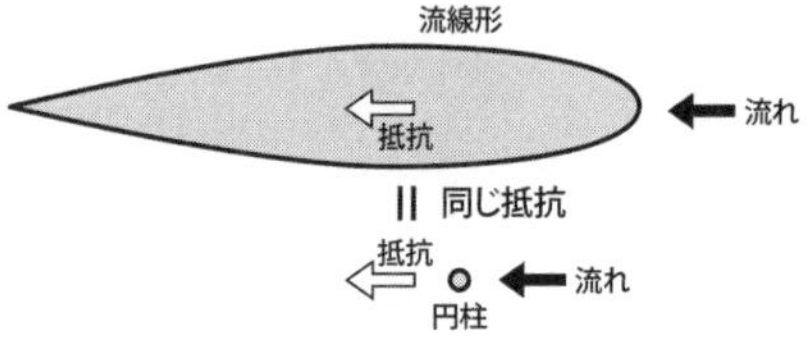

図2-17　抵抗の大きさが同じになる流線形と小さな円柱の大きさの比較（池田良穂著『新しい船の科学』講談社ブルーバックスを参考に作図）

写真2-20　水中航行時の抵抗を最小にするために流線形をした潜水艦の船体

の流れをトレースした線で、厳密には各点での速度ベクトルをつないだものとなるが、一般的には流れの中に染料等のトレーサーを注入したときに写真で見える線だと考えてもよい。この流線が、物体の周りを乱れることなく流れ、形成される形が流線形である。物体表面に段や角があったり、凹凸があったりすると流線は乱れて渦ができる。物体の先端から後端まで、流れが物体表面から剥離せずに、渦を造らずにスムーズに流れる形状が流線形と言える。理想的な流線形になると、抵抗のほとんどが摩擦抵抗だけになる。大空を飛ぶ飛行機の胴体や翼の断面形、水中での航行が主となる潜水艦の形がそれにあたる。

それでは流線形と流線形でない形の抵抗の違いをみてみよう。図2－17には、同じ抵抗が働く流線形と円柱が並べて描かれている。驚くほどその大きさに違いがあり、流線形は大きさの割に極めて抵抗が小さいことがわかる。一方、円柱の背後には大きな渦ができて圧力が低下して大きな抵抗が働く。

摩擦抵抗

摩擦抵抗（frictional resistance）とは、水が船体表面を擦ることで生ずる抵抗で、水がもつ粘性すなわち粘り気によって起こる。この摩擦抵抗によって船体表面のごく近傍には図2－17に示すように船体の前進速度よりは遅い流れが層状に生じ、これを境界層と呼ぶ。この境界層は、レイノルズ数（Reynolds number）に支配されており、レイノルズ数が同じだと境界層や摩擦抵抗は相似になる。レイノルズ数とは、次式で定義される無次元数であり、液体や気体のような自由に流れる流体のもつ慣性力と粘性力の比からなっており、流れにおよぼす粘性の影響を規定する。

レイノルズ数＝（速度×長さ）／動粘性係数

写真2-21　レイノルズ数を発見したイギリスのオズボーン・レイノルズ
©The University of Manchester

る。

ただし、ここでの速度はm／s、長さはメートル、動粘性係数は平方メートル毎秒の単位である。

このレイノルズ数が高くなると、境界層は層流から乱流へと変化して、摩擦抵抗も図2－19の

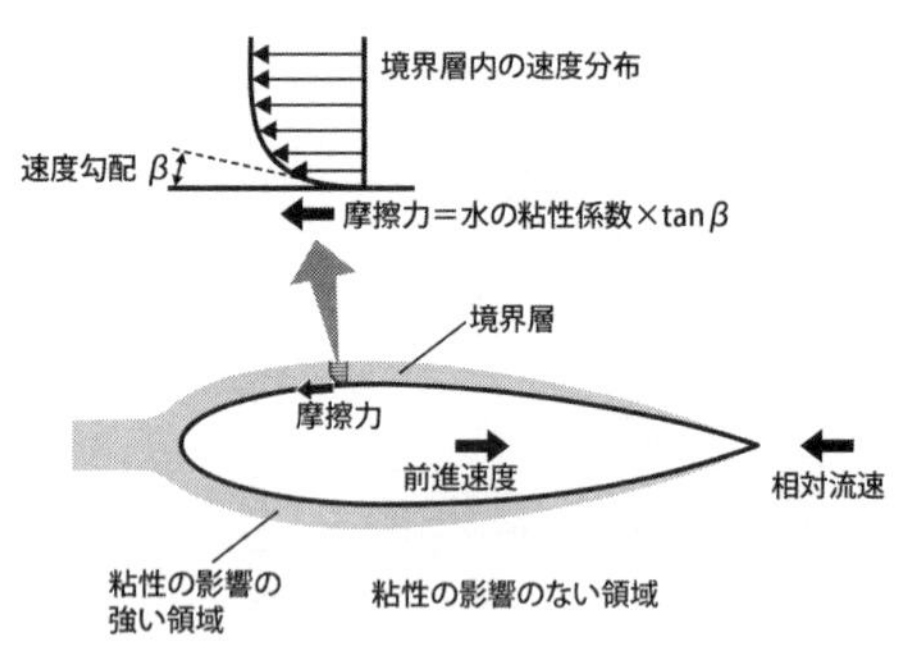

図2-18　船の周りにできる境界層（池田良穂著『新しい船の科学』講談社ブルーバックスを参考に作図）

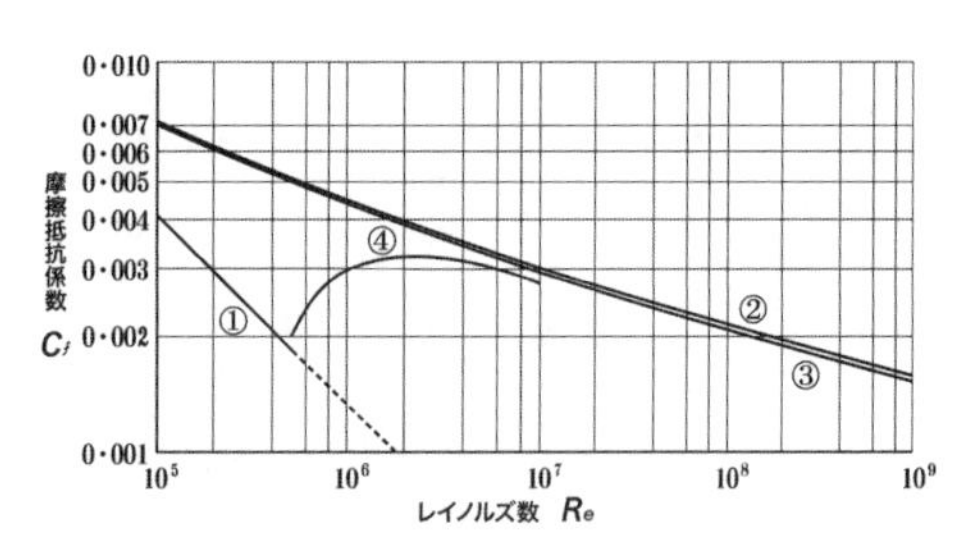

図2-19　平板の摩擦抵抗の図（図中①層流②乱流〈Prandtl-Schlichting〉③乱流〈Karman-Schoenherr〉④遷移）（関西造船協会編『造船設計便覧　第４版』海文堂出版を参考に作図）

中の①から②または③へと大きく増加することが知られている。実際の船舶では、ほとんどが乱流境界層である。

摩擦力は船体表面に働くので、船体全体に働く摩擦抵抗の大きさは水と接する船体の表面積、すなわち浸水表面積（wetted surface area）に比例する。従って、四角い断面の船よりは丸い断面の船のほうが、浸水表面積が小さくなり摩擦抵抗は減少する。

図2-20　三菱重工の開発した船底空気潤滑システム（三菱重工提供）

図2-21　船底に空気を溜めて摩擦抵抗を減らす船底空気循環槽のコンセプト（大阪府立大学提供）

流線形で抵抗のほとんどが摩擦抵抗である飛行機の胴体の断面が円なのは、表面積を小さくして摩擦抵抗を減らすためである。

最近の船舶では四角い断面が多いが、これは円断面の船よりも荷物がたくさん積めるため、積載能力が大きくなり、貨物あたりの抵抗としては小さくなるためである。一方、推進力が小さい手漕ぎのボートや帆船、そして高速航行が必要な軍艦などで断面が丸い船が多いのは、表面積を減らして摩擦抵抗を減らすためである。

浸水表面積を減らす以外の摩擦抵抗を減らす方法として、船底から空気の泡を出して船底を覆う方法が実用化されており、船底空気潤滑システムと呼ばれている。日本では三菱重工の開発したシステムが有名であり、2010年に竣工したモジュール運搬船「ヤマタイ」が、その実用化第一号船である。このシステムは、カーフェリー、クルーズ客船、貨物船に広く搭載されるようになり、その後、ドイツ、韓国などでも同様のシステムが開発され各種船舶に搭載されている。

また、船底に空気溜（だまり）を設けて、その中を空気が循環することで摩擦抵抗を減らす方法も考案されているが、まだ研究段階で実用化には至っていない（図2－21）。

船体表面の粗さで変わる摩擦抵抗

船体表面を水が擦ることで働く摩擦抵抗は、表面の状態によって変化する。表面の錆による腐食にともなう凹凸、貝などの海洋生物が付着することによる凹凸などが摩擦抵抗を大きくする。これを摩擦抵抗の粗度影響と言う。こうした表面粗度の発生を防ぐのが船底塗料と呼ばれる特殊な塗料である。

船底塗料には二つの機能が求められる。一つが錆などによる腐食を防ぐ防蝕機能であり、もう一つが生物の付着を防ぐ防汚機能である。

塗料の主成分は合成樹脂で、それに二つの機能をもたせるための添加剤が配合され、塗りやすくするため揮発性溶剤が加えられる。船底には赤や青の塗料が用いられるが、赤には「べんがら」と呼ばれる酸化鉄、青には紺青と呼ばれる着色顔料が添加されている。かつては鉛、クロム、錫といった重金属を含む添加剤で二つの機能を発揮させたが、環境保全の観点から生態系への毒性の低い添加剤の開発が進められている。

また、自己研磨型と呼ばれる船底塗料は、塗料表面が加水分解によってゆっくりと溶融し、船舶の前進速度による摩擦力で付着生物とともに流されることにより、表面が滑らかになるもので、現在、広く使われている。これらの塗料は航海するほど薄くなるため、その航海速度と航海期間に応じて塗装の厚さが決められる。

造波抵抗

船舶は空気と水の境目である水面上を走り、そのときに水面には波が発生する。この波は船体に造波抵抗と呼ばれる抵抗を生じさせ、これは前進速度が速くなるほど急速に増加する。

このように水面を動く物体によって発生する波は、イギリスの物理学者ケルビン男爵ウィリアム・トムソンによって詳細な研究がされたためケルビン波系と呼ばれている。船の波は、船首と船尾付近から斜めに伸びる八の字波と、船の後ろに生じる横波からなり、この複雑な波をいかに

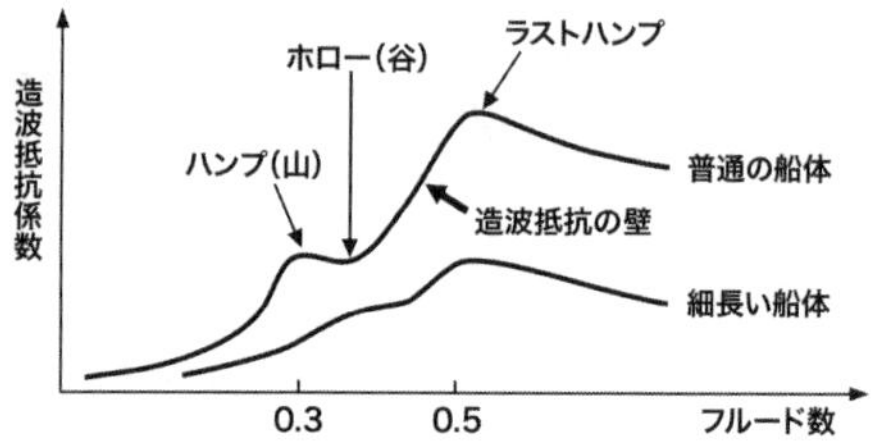

図2-22　造波抵抗の増加（池田良穂著『図解　船の科学』講談社ブルーバックスを参考に作図）

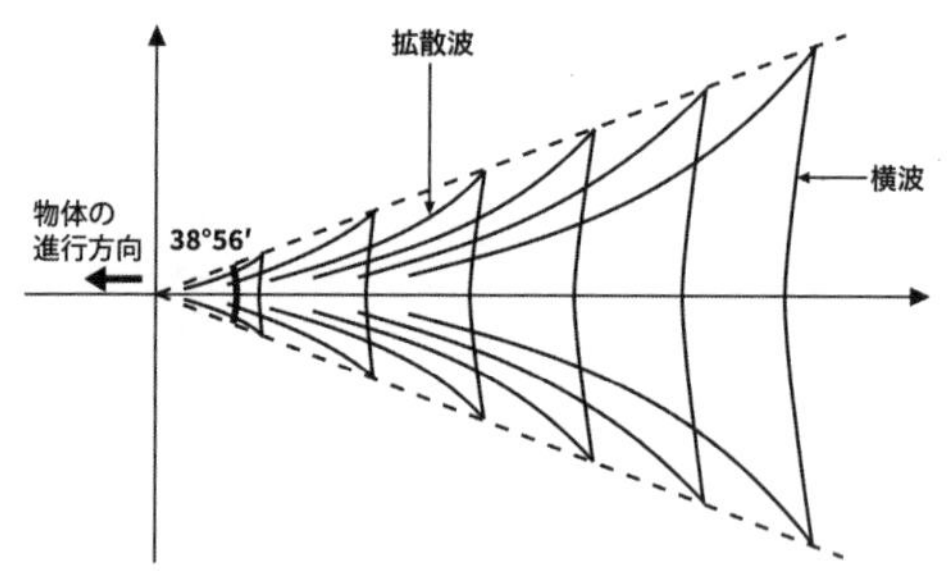

図2-23　水面上を移動する物体が造るケルビン波系

減らすかが重要となる。

このケルビン波は、前述したフルード数と呼ばれる次式で定義される無次元数に支配されている。

フルード数＝速度／(重力加速度×長さ)$^{1/2}$

ただし、ここでの速度はm／s、長さはメートル、重力加速度はm／s^{2}の単位である。

造波抵抗は、フルード数が高くなると急激に大きくなり、船のスピードを上げることが難しくなる。これを造波抵抗の壁と呼び、フルード数がおおよそ0・3以上になるとこの壁が現れる。

フルード数が0・65以下のスピードでは、船底の流れが速くなって圧力が低下することにより船体が若干沈むが、これをシンケージと呼ぶ。この速度域の船は、水から受ける静水圧すなわち浮力で船体重量が支持されており、排水量型船舶と呼ばれる。

写真2-22 船が造るケルビン波系。左右に広がる八の字波と船尾からの横波で構成される。

走航する船によって水面に生じる波は、主に船首部の肩付近から発生する船首波と、船尾から発生する船尾波からなり、それらが互いに干渉するため図2－22に示すようにフルード数が増加するに従って、抵抗係数が波打ちながら増加していく。この造波抵抗曲線の波の山をハンプ、谷をホローと呼び、できるだけハンプとなるフルード数を避けて船は設計される。この波の干渉効果を利用して造波抵抗を減らすのが球状船首（バルバスバウ）と呼ばれる船首で、この球状船首が造る波と、船首波を干渉させることにより、発生する波を小さくして抵抗を減らす。この球状船首については詳しく後述する。

造波抵抗係数は、図2-22に示すようにフルード数が0・5付近になるとピークとなり、その後、減少傾向となる。このピークをラストハンプと呼び、排水量型船でこの山を超えるにはエンジン出力をうなぎ登りに上げなくてはならない。このラストハンプを超えて高速をだすため、半滑走型船や水中翼船などが開発されたのである。

造波抵抗と船型の関係

一般的に、船を細長くすると水面にできる波は小さくなるので、高速船ほど長さと幅の比は大きくなる。ただし、ここで言う「高速」とは、一般的な時速や秒速などで表される速度が高いという意味ではなく、前述のフルード数が高いという意味である。

フルード数が等しいと、船型が同じであれば船が造る波の形はまったく同じになり、造波抵抗係数（＝抵抗値／（1／2×密度×代表面積×速度の2乗））も同じになる。そしてフルード数が高くなるにともない、造波抵抗係数が急激に高くなる。フルード数の定義からわかるように、船の長さが長いほどフルード数は小さくなる。言いかえると、小さな船ほど低速でもフルード数が高くなり、造波抵抗の増加が著しくなる。小型の内航貨物船に10〜13ノットの低速船が多いのは、この理由に拠っている。

写真2-23　高速コンテナ船の船首

写真2-24　フルード数の低い大型タンカー・ばら積み船の丸い船首

排水量型の高速船としては、護衛艦があり、そのフルード数は約0・4で、長さと幅の比は約9・5程度であり、これが排水量型船の一つの限界と見ることができる。これ以上細長い船型にすると、復原力が不足し、縦強度を維持するために頑丈な船体にしなければならず船体重量が重くなる。

船体の細長さとともに、造波抵抗に大きな影響を与えるのが船体のやせ具合である。これは排水量を、長さと幅と喫水の積で割った肥瘠係数（C_b）で表され、高速護衛艦では約0・5となる。

さらに局所的な船体形状も造波抵抗に影響を及ぼす。たとえば、船首で水を切る部分を細く鋭くすると波は立ちにくくなり、造波抵抗は小さくなる。このため高速船では、船首部の水面付近を鋭く尖らせた船が多い。

一方、大型のタンカーやばら積み船では、フルード数が0・1～0・15程度と低いため、造波抵抗の全抵抗に占める割合は小さい。従って、船の長さと幅の比は5～6と小さく、肥瘠係数は0・8程度となり、船首の水面付近を鋭くする必要はないため丸い頭をしている。

このように造波抵抗が、船の水面下の形を決める大事な要素となっている。

波の干渉を利用して造波抵抗を減らす

前述したように、船体の船首付近から発生する波を、波同士の干渉効果で減らすのが球状船首、すなわちバルバスバウである。船首先端より前方の水面下に設けた球状の船首突起物で発生させた波と、主船体の発生する波を干渉させて消すことで造波抵抗を減らしている。

球状船首と似た船首形状は、じつは古くからあった。それがラムと呼ばれる水面下船首が前に突き出した船首で、敵の軍船に体当たりして水面下に穴を開けて沈没させるために考案されたのだが、これは抵抗を減らすことを目的とするものではなかった。抵抗を減らすことを目的としての研究は、アメリカで20世紀になってから始められ、アメリカ海軍の軍艦や、大西洋横断の定期客船でも採用され、日本の戦艦「大和」にも取り付けられた。

　第二次世界大戦後になって、1960年代に東京大学の乾崇夫（いぬいたかお）教授らのグループが、波の理論的な考察に基づいて波無し船型と呼ばれる球状船首の開発法を考案し、それに基づく巨大な球状船首が関西汽船の瀬戸内海客船「くれない丸」に

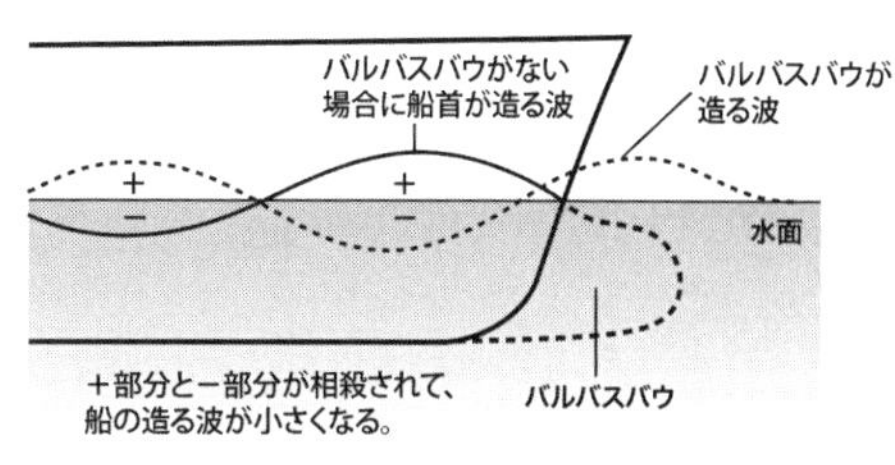

図2-24　球状船首が造波抵抗を減らすメカニズム（池田良穂著『図解　船の科学』講談社ブルーバックスを参考に作図）

写真2-25　船首の水面下にある球状船首

取り付けられて、球状船首のない同型姉妹船「むらさき丸」との実船比較を行い、球状船首の効果が実際に確かめられた。

時を同じくして、横浜国立大学の丸尾孟（まるおはじめ）教授は極小造波抵抗理論を確立して、バルバスバウを含めた最適な船型を決定する手法を確立した。

また三菱造船では、多彩なシリーズ模型でバルバスバウを含めたやせ型船型の抵抗試験を行い、その成果が1963年に建造された日本郵船の定期ライナー「山城丸」の船型に応用され、在来船に比べてエンジン馬力を30％余りも減らすことに成功した。

球状船首では、船の速度、喫水やトリムの状態によって最適な形状がちがってくる。従って、どの状態での造波抵抗を小さくするかで、最適な形も大きさも変わる。

球状船首と同様の考え方で、船尾端から球状の突起物を後方に突き出して、船尾波を減らす船尾バルブも開発されているがあまり普及はしていない。

造波抵抗の削減法

排水量型の船舶で、造波抵抗を削減する方法として双胴型や三胴型にする方法がある。英語では、双胴型はカタマラン、三胴型はトリマランと呼び、船舶の専門家は、この英語の呼び方をよく使う。これに対して普通の一つの胴体からなる船舶は、単胴型もしくはモノハルと呼ばれる。

単胴型では、長さと幅の比が9を超えると、復原力が不足したり、縦強度を補強するために重い船体になったりする。そこで、細い船体を平行に並べて水面上でつなげたのが双胴型船型である。二つの胴体の間隔を広げると復原力は大きくなり、胴体を空中でつなぐ甲板も広くなって人や貨物の積載には都合がよく、広い甲板面積の必要な客船等に広く採用されている。双胴型船の一つの胴体のことをデミハルと呼ぶが、細長いデミハルでは長さと幅の比が20近いものもある。造波抵抗が小さくできる双胴型船型だが、浸水表面積が増えて摩擦抵抗が増加したり、二つの胴体が造る波の干渉によって造波抵抗が増加したりするといった問題点もある。また、復原力が大きくなりすぎて、激しい横揺れが起こるという別の問題点もある。

写真2-26　超細長の二つの船体を並べたオーストラリアの双胴型旅客船

写真2-27　大型のアルミ合金製のトリマラン型高速カーフェリー（オースタル・シップス提供）

過大な復原力による横揺れの問題を解決するために開発されたのがトリマランである。細い中央胴体の両側に、小型のサイドハルまたはアウトリガーと呼ばれる船体を並べて配置して、上部の甲板で3つの胴体をつないだもので、双胴船の過大な復原力を解消し、さらに各胴体が発生させる波を干渉効果で減らすこともできる。このトリマランのコンセプト自体は、古くから南太平洋で使われていたダブルアウトリガーと呼ばれる小型帆走船に由来したもので、現在もレジャーもしくはレース用の帆走艇として広く使われている。このトリマランが、造波抵抗理論や復原性理論、船体運動理論等の先端船舶技術を駆使して、大型の動力船の世界において蘇った。その第一号が、2000年にイギリス海軍が建造した実験船「トリトン」で、各種の性能試験が実施された。その後、オーストラリアでアルミ製の旅客船やカーフェリーが次々と開発され、アメリカ海軍でも沿海域戦闘艦（LCS）として活躍している。

このトリマランは、主船体とサイドハルの大きさや配置間隔によって、設計自由度が高く、さまざまなタイプが開発されている。

大型専用船の登場と粘性圧力抵抗

1960年代になって、世界的な経済成長の時代が到来し、大量の貨物を大型の専用船で運ぶようになった。とくに原油タンカーは急速に大型化し、少しでもたくさんの油を積むために水面下の船体は角形のずんぐりと太った形になり、肥大船と呼ばれるようになった。そしてしだいに船尾まで肥大化したことから、船尾付近で船体周りの境界層が剥離するようになり、渦を形成して抵抗が増加した。これは渦の発生により、船尾部に働く圧力が低下した結果であり、造渦抵抗もしくは粘性圧力抵抗と呼ばれる。これが、摩擦抵抗、造波抵抗に次ぐ、船舶の第三の抵抗として浮上してきた。この抵抗は、摩擦抵抗と同様に水の粘性によって発生し、レイノルズ数によって支配される。

この粘性圧力抵抗（viscous pressure resistance）は、かっては造渦抵抗（eddy making resistance）とか渦抵抗と呼ばれていた。流れに対して船体表面に角があると流れが剥がれたり、船首から船尾に向けて発達した境界層が船尾近くで船体表面に沿って流れることができなくなって剥がれたりすると、流れの中に渦を造って、船尾の船体表面近くの圧力が低下する。摩擦抵抗と同様にレイノルズ数に支配されることから、この粘性圧力抵抗を摩擦抵抗係数に形状影響係数（form factor）という係数を掛けて表すことが一般的となっているが、太った船型だと形状影響係数が0・3、すなわち摩擦抵抗の30％近くも抵抗が増加することもある。

排水量型からの脱出

フルード数がおおよそ0・65を超えると、船首を上げるようになり、船首船底には揚力が働

写真2-28　半滑走型船の船尾はトランサムの下端で水が切れて、トランサム全体が空中に露出する。

写真2-29　滑走艇は船首を上げて船底に働く揚力で浮上して高速で航走する。

き、その力で船体は浮上を始める。この揚力は、船底によどみ線と呼ばれる圧力の高い線が出現することによって生じ、よどみ線より前方の水はスプレーとなって前方に飛び散る。フルード数が0・65～1・6の範囲では、浮力（静水圧）と揚力（動的圧力）の両者が船を支えており、半滑走型船舶（セミ・プレーニング・シップ）と呼ばれる。

フルード数が高いほど揚力で支えられる割合が増加し、フルード数がおおよそ1・6を超えると、船体を支える力のほとんどが揚力となり、滑走艇（プレーニング・クラフト）と呼ばれる。

半滑走型から滑走型の船舶では、写真2－28のように船尾を垂直に切断したトランサムと呼ばれる平面となっている。高速航行時には船底からの速い流れによって、トランサムの下部を没水させていた水は切れて、トランサム全体が空中に露出するようになる。

船底の一部に働く揚力で船体を浮き上がらせて抵抗を減らして高速をだす滑走艇や半滑走艇よりもさらに抵抗を減らすことを狙った船に水中翼船とホーバークラフト（ACV：エアークッションビークル）がある。

水中翼船は、水面下に設置した翼に働く揚力によって船体を完全に浮上させて、船体に働く抵抗をまったくなくして高速で航走する。本章の2－1節で説明したように、水中翼船には半没水翼型水中翼船と全没翼型水中翼船の2種類があり、前者は船が傾いても自然に戻る復原力があるが、後者はそれがないため、つねにコンピュータ制御によって翼に働く揚力を制御して正立している。水中翼船のスピード記録としては時速114キロメートル、すなわち約62ノットという記録

写真2-30　全没翼型水中翼船ジェットフォイル

図2-25　ジェットフォイルの水中翼配置。図2-6を再掲（東海汽船提供）

が1919年に達成されているが、商業艇としては40～50ノットが一般的である。水中翼船の欠点は大型化が難しいことで、現在のところ267総トン、旅客定員約260人のジェットフォイルが最大級である。

ホーバークラフトは、イギリスのホーバークラフト社の開発したエアークッションビークル（ACV）の商品名であるが、同社がホーバークラフトという言葉の一般使用を許可したことから、ホーバークラフトという名詞が一般的にACVを表す言葉として定着した。ファンで空気を

写真2-31　空気圧で浮上して海上・陸上を高速で進めるホーバークラフトは大型化して、かつてドーバー海峡には車も積載できるカーフェリー型のホーバークラフトも就航した。

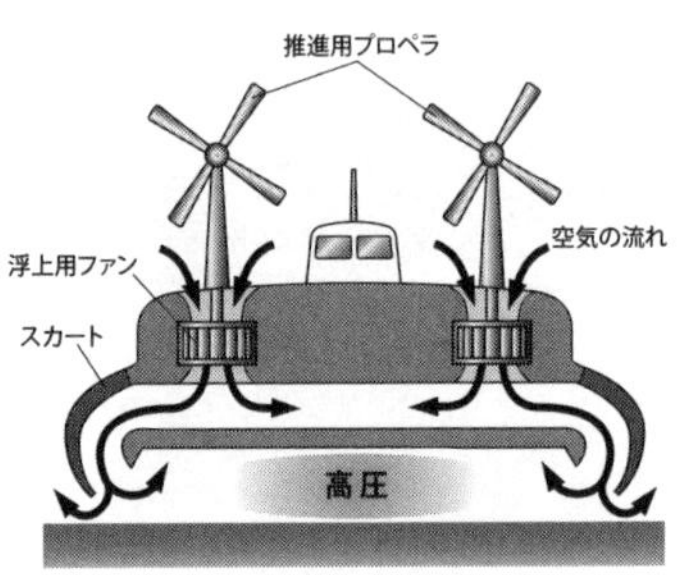

図2-26　ホーバークラフトは、浮上用ファンで空気 を上から下へと吹きだして、スカートの中 の空気圧を高めて浮上する。

圧縮して下方に噴出することで船体を完全に浮上させて走行するため、船体には抵抗が働かない。また、海上だけでなく陸上にも揚がれるという特性がある。大型化も可能で、ドーバー海峡を横断する航路には車も積載できる大型のホーバークラフトも就航したことがあるが、メンテナンス費用、運航費用が大きいため、すでに姿を消した。噴出した空気を溜めるためのスカートと呼ばれるゴム製の柔軟性のある側壁が設けられているが、その側壁のスカートを剛体の船体として、スクリュープロペラで推進するタイプも開発されＳＥＳ（サーフェース・エフェクト・シップ）と呼ばれている。ＡＣＶの小型の旅客船タイプは、一時は世界的に数が増えたが、現在は数を減らしており、２０２２年時点で世界で28隻のみとなっている。ホーバークラフト型の軍用艇としては、揚陸用のものが各国海軍によって運用されている。

空気抵抗の削減

水面下の船体に働く水の抵抗だけでなく、水面上の船体には空気抵抗が働く。この抵抗を減らす試みも古くから行われていて、陸上の車や列車の流線形が脚光を浴びた１９３０年代には流線形の船が何隻か登場した。しかし、空気の密度が水の約８００分の1であることから、せいぜい全抵抗の数パーセントの抵抗であるために、しだいに風圧抵抗は顧みられなくなっていった。これには、流線形の上部構造では建造に手間がかかることと、内部の空間が使いにくいといった理

写真2-32　アメリカで建造された流線形フェリー「カラカラ」。1935年に改造されて流線形になった。

写真2-33　流線形の水面上構造の東海汽船の「あけぼの丸」。1947年に建造。

由もあった。

　しかし、水面上の船体が巨大なクルーズ客船や自動車運搬船や、デッキに大量のコンテナを積むコンテナ船などが登場して、風圧抵抗が再び注目されるようになった。さらにこうした巨大な上部構造をもつ船は、強い横風を受けると横漂流して、斜めになって進むことも明らかになり、それが大きな水からの抵抗増加を生じさせて、実海域では船速を大きく低下させていることも明らかになってきた。このため、上部構造周りの空気の流れを制御するさまざまな工夫がされるようになった。

　前方からの風を受けて進む場合には、船の走行速度にともなう相対風速に、自然の風の速度が加わる。前者はノット単位の走航スピードの値を半分にすると、毎秒単位の相対風速の概略値に換算できる。すなわち、船速が20ノットであれば船が受ける相対風速は秒速10メートルとなる。自然風は、台風級の低気圧では秒速20〜30メートルとなるから、この荒天下で正面から船が受ける風は秒速30〜40メートルもの風速となり、水面上船体に働く空気抵抗は風速の2乗に比例するので相当な大きさになる。

この正面からの空気抵抗を小さくするには、水面上の船体を流線形にするのがよいのは前述したとおりである。写真2－32と33に示すようにかつて水面上船体全体を流線形にした船も建造されたことはあるが、建造に手間がかかり、かつ剝離を抑えるために後ろの部分が細くなって内部空間がたいへん使いづらくなる。従って、部分的な構造を工夫することによって風圧抵抗を減らす試みがなされるようになった。

まず最近の貨物船に多い船尾船橋船においては、幅の広

写真2-34　空気抵抗を意識しない幅広の上部構造物をもつ船尾機関型のタンカー。

写真2-35　幅を狭くして流線形にし、各部材の角を落として空気抵抗を削減した上部構造物エアロ・シタデル（今治造船提供）

写真2-36　旭洋造船が開発した球状船首ブリッジ

図2-27　大阪府立大学が開発したノンバラストタンカーの予想図

い角形の上部構造が見直されている。この上部構造物の幅をできるだけ狭くして、かつ流線形に近づけることで抵抗を減らす試みが徹底されたのが、今治造船が開発したエアロ・シタデルで、航行時の空気抵抗を25～30％削減することに成功しており、その低空気抵抗性能と、さらに海賊対策を施すことによって日本船舶海洋工学会のシップ・オブ・ザ・イヤー2013に輝いている。

また甲板上の上部構造の位置によっても風圧抵抗が変わることがわかっており、船首側にあると風圧抵抗は低減する。さらにその形状も滑らかにしたのが、旭洋造船が開発した球状船首ブリッジである。同様のコンセプトで、大阪府立大学で開発された船首流線形ブリッジを搭載したノンバラスト船では、バラスト時の風圧抵抗を40％余りも減らすことに成功している。

以上紹介した以外にもさまざまな空気抵抗による抵抗増加を低減する技術が開発されている。

たとえば商船三井は、ボックス型の自動車運搬船の船首形状や側面上部の隅切り等をすることで風による抵抗増加の低減に成功している。

波による抵抗増加

造船所で建造された船は、海上試運転を行い、その中でも最も大事なのが速力試験である。できるだけ平穏な水域で行い、その速力が契約上の数値を満足していることを確認して引き渡される。こうした習慣が長く続いていたが、運航する船主にとっては、実際に運航するときの風や波のある状態での速力が大事である。そこで、実際の海上での速力性能に注目が集まるようになり、船の実海域性能と呼ばれるようになった。

船は、とくに正面から波を受けると大きく船速が低下する。これは波が船体にぶつかることで抵抗が増えることによるものであり、これを波浪中抵抗増加と言う。波浪中抵抗増加には二つの種類があり、船首にぶつかった波が反射されることによる抵抗増

写真2-37 ユニバーサル造船が開発した波浪による抵抗増加を低減するアックスバウ

加と、波によって船体が縦揺れと上下揺れの二つの運動をすることにより発生する造波抵抗の増加からなっている。前者は、反射波成分と呼ばれ、船の長さに比べると短い波長の波の中で発生する。たとえば巨大なタンカーが正面から波を受けて航行しているときに、船体はほとんど揺れていないが船速が低下する。これは比較的鈍頭な船首にぶつかった波が前方に反射されることで発生する抵抗増加によっている。一方、後者は船体運動成分と呼ばれ、船の長さが波長と同じく

写真2-38　船首前端を垂直にして、波の 抵抗を低減したアックスバ ウをもつ大型ばら積み船。(JMU提供)

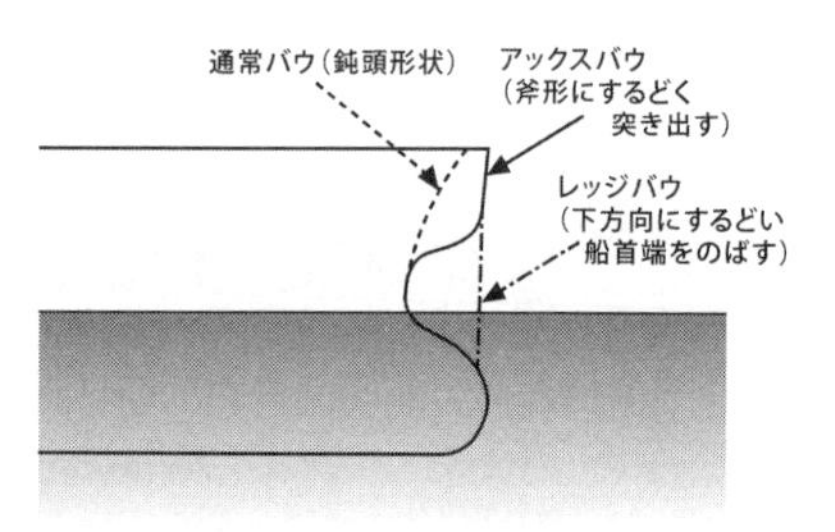

図2-28　大型の低速船でも短波長の波が船首に当たると大きな抵抗が働くことがわかり、その低減のためのアックスバウやレッジバウが開発された。

らいもしくは波長より短くなると、船体が波によって大きく運動し、そのときに船が発生させる波が造波抵抗を生む。

反射波成分については、船首部をやせさせて反射波の方向を左右に分散させることで低減させることができ、このコンセプトを適用したアックスバウやレッジバウがユニバーサル造船（現JMU）によって開発され登場した。このことは、実海域での船舶の性能には、水面下の船体形状

写真2-39　内海造船が開発した波浪による抵抗増加を低減する船首付加物

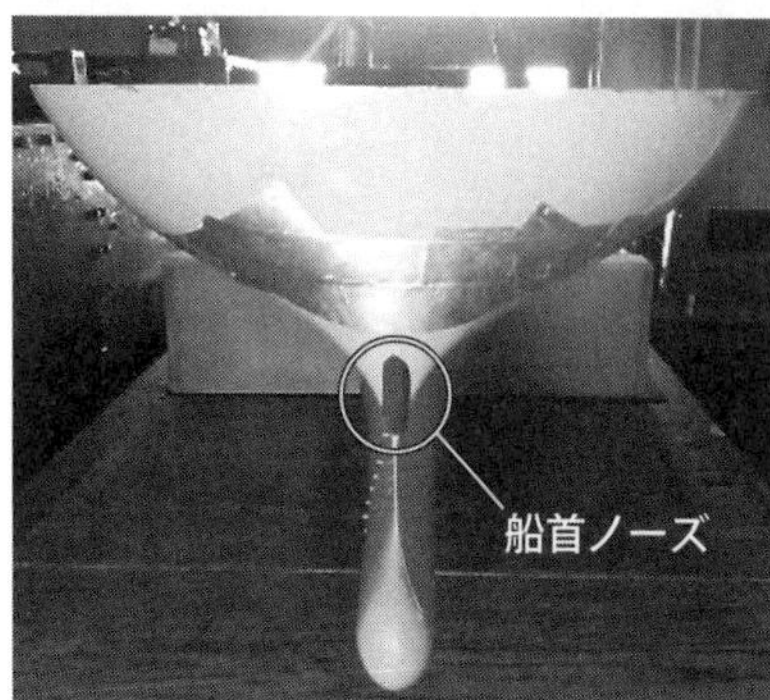

写真2-40　高速のPCCの波浪中抵抗増加を減らすための小さな船首ノーズ（大阪府立大学提供）

写真2-41　約110年前に建造された大西洋横断客船「タイタニック」の船首は垂直船首だった。

だけでなく、水面上の船首形状がたいへん大切なことを示した。さらに既存船に付加物を取り付けて抵抗増加を減らす方法も種々提案されている。

こうした付加物は、船首の丸いタンカーやバルクキャリアなどだけでなく、フレアーが大きな自動車運搬船（ＰＣＣ）などでも最適な形状、そして場所に取り付ければ、大きな波浪中抵抗増加削減ができることが報告されている。数値流体力学（ＣＦＤ）によって波を受ける船首部分に働く圧力を計算して流れがよどんで高圧になる部分を特定し、その部分に突起を付けることにより、効率的に抵抗増加を低減する設計方法も開発されている。

垂直船首が増えたわけ

最近、横から見たときの、水面上の船首端部（ステム）が垂直の船が増えている。

じつは、かつては垂直船首の船が多かった。水面上の船首が前に突き出した、帆船時代のクリッパー船首の名残をとどめた船首もあるが、この形は、水面下の球状船首の普及にともなって現れた。出入港時での見張りには、水面下の球状船首よりも前に突き出した船首端で行うことが最も安全であったことも大きな理由であろう。

写真2-42　球状船首の普及にともなって、水面下の球状船首より前の船首デッキを確保するために傾斜船首が多くなった。

写真2-43　現代に蘇った垂直船首は、貨物船だけでなく、客船やカーフェリーでも採用されるようになった。横須賀—新門司航路のカーフェリー「はまゆう」の垂直船首。

しかし、前述したように荒天時の波浪による抵抗増加を小さくするためには、水面上の船首端を鋭くすることが効果的であることがわかり、水面上の船首端と水面下の球状船首の先端を真っすぐに結んで、船首端全体を尖らせることがさらに効果的であることがわかってきた。このために、あらゆる船種で垂直船首がみられるようになった。なお横からのプロフィールではわからないが、多くの船は船首の水面下には膨らみがあり、バルバスバウと同様に造波抵抗の低減効果をもたせている。

第3章 船とエネルギー

3-1 船を進めるエネルギー――燃料と推進

船を推進させる力

船を進ませる力としては、古くは人力や風力が使われた。人力の場合にはオール（櫂）や艪が考案され、水をかいて進んだ。風力については風をはらませて推力を得る布製の帆が考案され、船の大型化にともなってさまざまな形式の帆装が開発された。

これらの推力は、水または空気の流れによって発生する抗力または揚力によっている。流れの中に物体があるときに働く力を流体力と言う。この流体力のうち、流れの方向に働く力を抗力または抵抗と言う。また、流れと直角方向に働く力を揚力と言う。

人力のオールは抗力、捻りながら漕ぐ艪は揚力を使っている。風力を推進力に変える帆は、後ろから風を受けるときには抗力を、風上に向かって斜めに切り上がって進むときには揚力を使っている。

一枚の平板を使って、抗力と揚力の発生原理をみてみよう。図3－1に示すように、流れに対して直角に平板を置くと、平板の前面に当たる流れは二つの流れに分離して、その分岐点では流れが遅くなり圧力が上がる。第2章の2－1節で説明したようにこの点をよどみ点と呼び、英語

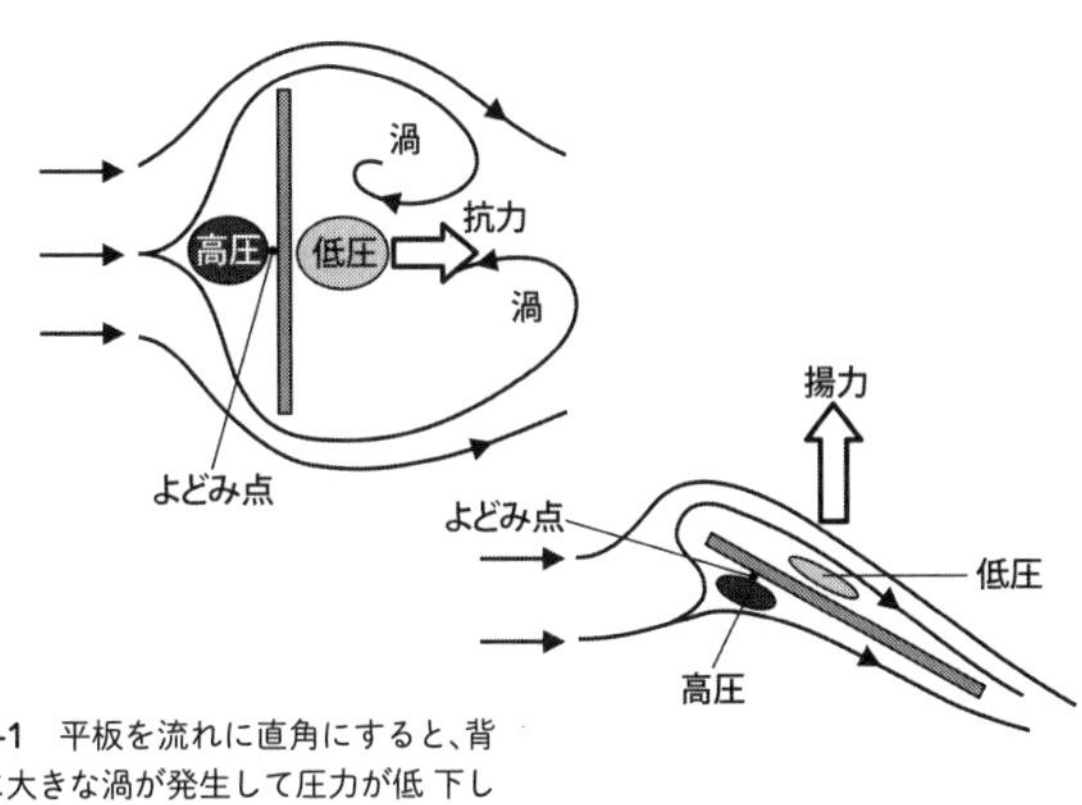

図3-1 平板を流れに直角にすると、背面に大きな渦が発生して圧力が低下して抗力が働く。平板を斜めにすると、流れは剥離せずに板の周りを流れて、流れの方向と直角方向に揚力が働く。

ではスタグネーション・ポイントと言う。二つに分かれた流れは平板の両端で剥離して、平板の後方では渦を巻いた流れを生む。この渦を巻いて物体背後に留まる流れを死水と呼ぶこともある。この渦の中では圧力が低下して、平板を流れの方向に牽引する力を平板に与える。このように平板の前方の高い圧力と、後ろの低い圧力によって平板に働くのが抗力である。

次に同じ平板を流れと同方向に置くと、流れは規則正しく真っすぐに流れ、平板には摩擦抵抗だけが働く。この平板を少し斜めにすると流れは大きく変わる。流れが当たる前面にはよどみ点が現れ圧力が高くなる一方、背面を流れる流れは加速されて圧力が下がる。この二つの面の圧力の違いが、流入する流れの方向とは直角の力を発生させる。これが揚力である。

写真3-1　地中海で使用された風と人力による軍船（ジェノバのガラタ海洋博物館所蔵）

風の利用

人力とともに古くから船の動力として使われたのが風である。船のデッキの上に垂直に柱を立てて、各種の帆を張り、風をはらませて推進力を得た。船にとって風の利用の難しいところは、風が吹いてくる方向に向かって走ることができない点である。この問題の解決法は、帆に働く揚力を利用することであった。前述したように、揚力とは風の吹く方向と直角方向に働く力であり、飛行機を浮かせる翼に働く力と同様の力である。平板を流れの中に置くと、平板には流れの方向に働く抗力と、流れと直角方向に働く揚力が作用する。帆船の帆にも、抗力と揚力が働き、このうちの揚力を使うことによって、横風や斜め向かい風の中でも船を進めることができる。多くの帆船が追い風よりも、横風の中で最もスピードが出せるのは、この揚力を船の推進力として利用しているためだ。帆船がどの程度まで風上に向かって走れるかは、帆の形態にもよるが、おおよそ風の向きに対して最大45度程度までである。従って、風上に目的地がある場合には、45度の方角に走った後、90度方向を転換して走り、再び90度の方向転換を繰り返してジグザグに航行することで風上に向かう航法が取られる。

沿岸航路の交易に使われた帆船はしだいに大型化して、船上に数本のマストと多数の帆を張って大洋を航海する外洋帆船が建造されるようになり、16世紀には世界の海を航行するようになる。

帆船の時代の最終期に登場したクリッパーと呼ばれる大型商用帆船は、19世紀に活躍し、茶を主要貨物としていたことからティークリッパーと呼ばれた。風がよいときには17～18ノットという高速で航行したと言われ、1853年には「ソブリン・オブ・ザ・シーズ」というクリッパーが達成した22ノットという記録が残っている。また有名なティークリッパーでは、ロン

写真3-2　グリニッジに保存されている高速商用帆船「カティサーク」(1869年建造)

写真3-3　船員教育のための練習帆船「日本丸」

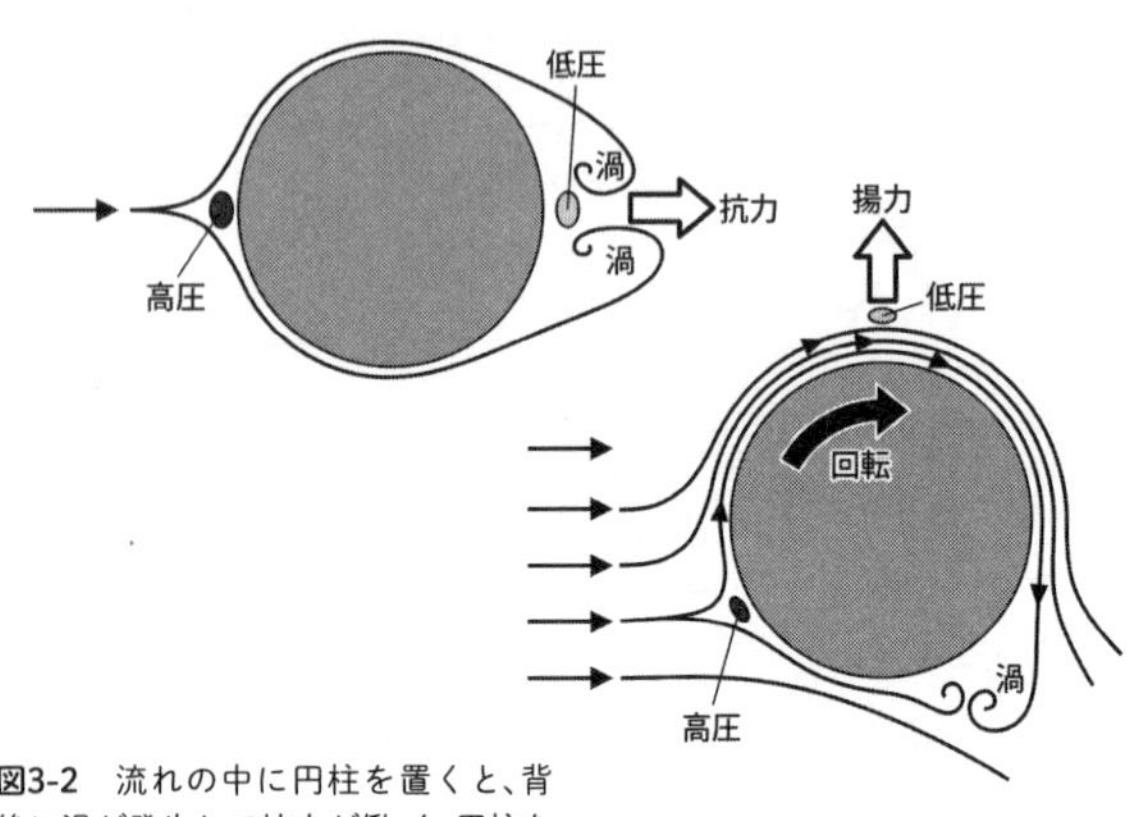

図3-2 流れの中に円柱を置くと、背後に渦が発生して抗力が働く。円柱を回転させると一方の円柱側面の流れが速くなって低圧となって揚力が働く（マグヌス効果）。

ドンのグリニッジで保存展示されている有名な「カティサーク」があり、長さ約85メートル、幅約11メートルという細長い船体に、3本のマストが立ち、34枚もの帆を張った。船の大きさを表す総トン数は936トンだった。

風を利用する船には、布製の帆だけでなく、ユニークな装置を搭載したものもある。それがローター船だ。回転する円筒形のローターを船上に立て、風が当たると風向きに対して直角方向に揚力が働くというマグヌス効果を利用して推進する。

船舶の推進への風の利用は、動力船の普及にともなって急速に減少した。風がなければ走ることができないという欠点が、定時性が求められるようになった輸送機関としては受け入れられなかったためである。このため、現代の帆船は、船員教育のための練習帆船、レジャーや競技のためのヨット、帆走クルーズ客船等に残るだけとなった。ただし、1970年代のオイルショックにともなう燃料費高騰による燃料費コストの削減、そして21世紀に入ってからの地球温暖化にともなうCO_2削減を目的として、帆装貨物船やローター船が再び注目されている。いずれの場合も風による推進力は、補助機能として考えられており、省エネの一環として取り入れられている。これらについては第5章で再び触れる。

写真3-4 回転する円筒形のローターで走るローター船「バルバラ」(1926年建造)

動力船の機関と燃料

18世紀後半にイギリスのジェームス・ワットが実用化に成功した蒸気機関は、人の力や、自然の風に頼っていた船の推進を大きく変えた。すなわち地球の中に何万年もかけて蓄えられたエネルギー資源である石炭を活用して、船を推進させることができるようになった。こうした機関によって走る船を動力船と呼ぶ。最初の動力船は蒸気機関を使っていたことから、蒸気船または汽船とも呼ばれている。

蒸気船の燃料としては、前述のように石炭が使われた。石

写真3-5　実用的な蒸気機関を開発したジェームス・ワット©アフロ

炭は、燃える黒い石とも言われ、古代の植物が地中に埋まって化石化したもので、地球上の広い地域に存在し、エネルギーが濃縮されており、燃やすと高熱を発する。草や木も燃えるが、そのエネルギー密度を比べると約2~3倍もの違いがある。

蒸気機関では、固体である石炭を燃やして熱エネルギーを取り出し、それで水を沸かして蒸気を発生させて、その膨張圧力で仕事をさせる。石炭を燃やし、水を蒸気に変える装置がボイラーであり、汽船では巨大なボイラーが搭載された。また燃料である石炭貯蔵場所をバンカーと呼び、それを供給することをバンカリングと言う。船舶の燃料が石炭から石油や液化天然ガス（LNG）に代わってもバンカリングという言葉は燃料供給の意味で、船舶業界で使われ続けている。

同じく地中で生物が化石化して液体として存在するのが石油である。シリンダー内に燃料を噴霧して爆発的に燃焼させることでピストンを動かす内燃機関が登場して、燃料に液体の石油が使われるようになった。内燃機関には、シリンダー内に噴霧した燃料と空気に着火して燃焼させるオットー機関と、ピストンでシリンダー内の燃料と空気を圧縮して高熱にし、自然発火させるディーゼル機関がある。車のガソリンエンジンは前者のオットー機関であり、ディーゼル機関は大型車、鉄道、船などの機関として使われている。ディーゼル機関のほうが燃費はよく、しかも低質油が燃料として使えるという利点があるが、機関重量が重く、振動が大きいという欠点がある。

船舶では、1912年に、世界最初のディーゼル機関搭載の大型航洋船として「セランディア」が登場して、欧州とアジアの間の定期航路に就航した。それまで大型高速船のシンボルであった大きくて太い煙突が姿を消してマストと一体となった排気管となり、新しい時代の到来を

写真3-6　ディーゼル機関を発明したルドルフ・ディーゼル©アフロ

写真3-7　最初の航洋ディーゼル船「セランディア」の姉妹船「ファルストリア」

印象づけた。

現在は、ほとんどの商船の機関にはディーゼルエンジンが選ばれている。なお一部の高速船や軍艦では軽量で高出力のガスタービン機関を搭載している。

高効率なディーゼル機関

船の機関の世界では主流となったディーゼル機関には、2ストローク機関と4ストローク機関がある。かつて日本では2サイクル機関、4サイクル機関と呼ばれていたが、今ではストロークという言葉が使われている。英語では、たとえば2ストロークサイクルというと、2ストロークで1サイクルするという意味であったが、日本語に訳されるときに2サイクルと略されたものの、これでは本来の意味が伝わらないため、最近になって2ストロークと呼ばれるようになったという。ここでのストロークとは、ピストンの往復運動の中の一つの方向の運動、すなわち片道分だけを表す。

ディーゼル機関は、①吸気、②圧縮、③燃焼、④排気の4つの行程で動くが、この4つの行程を1ストロークごと、すなわちピストンの4回の運動で1サイクル行うのが4ストローク機関であり、2行程で行うのが2ストローク機関である。2ストローク機関は、ピストンが一方向に動く間に④の排気と①の吸気、次の一方向に動く間に②圧縮と③燃焼を行うため、長いシリンダー

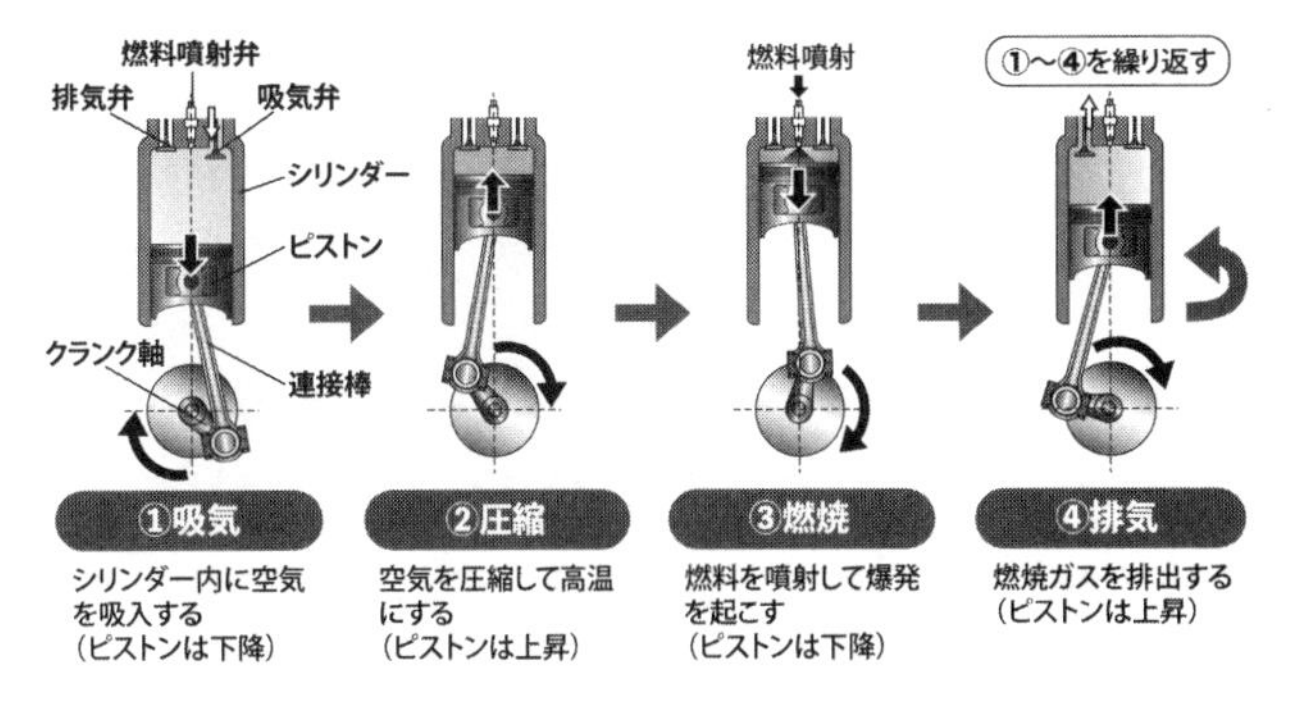

図3-3　4ストローク機関の行程

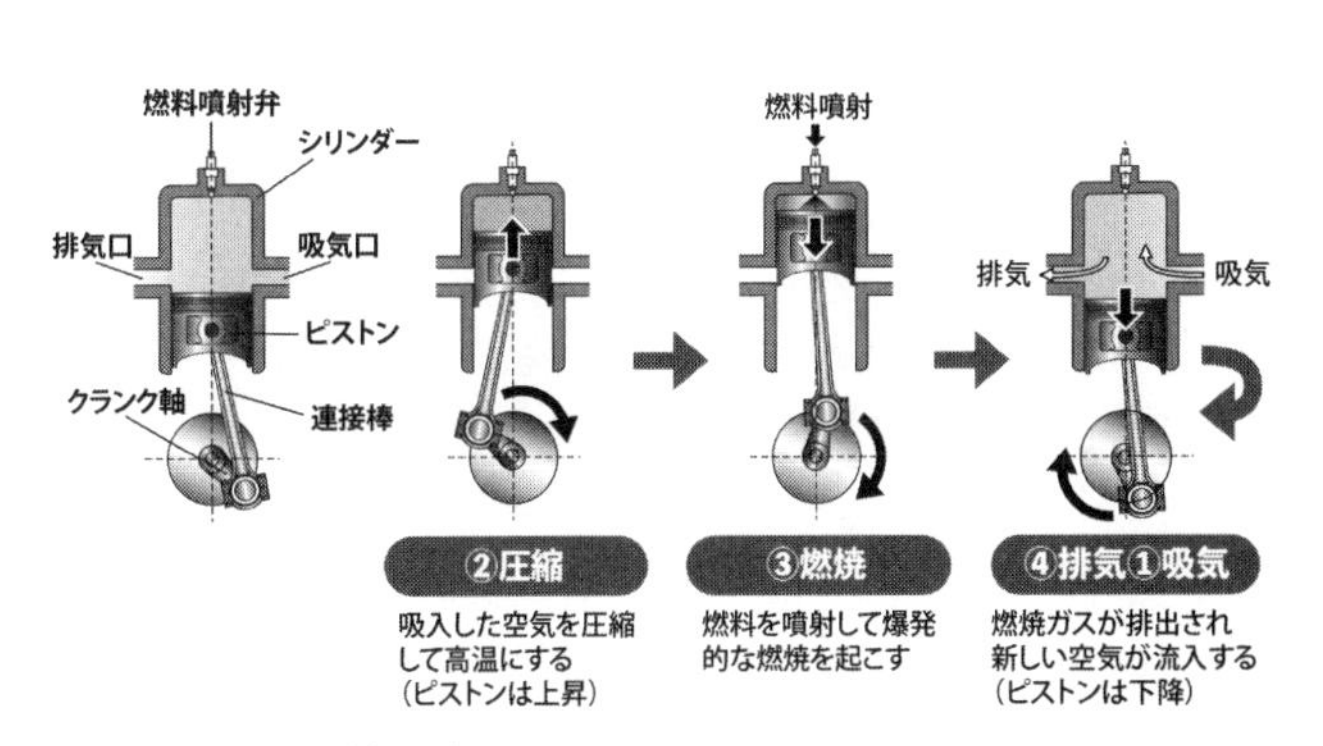

図3-4　2ストローク機関の行程

写真3-8　大型ディーゼル機関の写真

が必要となる。一般に、４ストローク機関は高速回転であるがエネルギー効率は低く、２ストローク機関のほうが低速回転で大型になるがエネルギー効率が高いという特徴がある。船舶では、大型船には2ストローク機関が、中・小型船および高速船には４ストローク機関が主に使われる。

シリンダーは日本語では気筒と呼ばれ、一般的には２ストローク機関では6〜8気筒、４ストローク機関では12〜14気筒からなっている。

舶用ディーゼル機関は、多くはライセンス製造されており、マン（ドイツ）とスルザー（スイス）が2大ライセンス供給社であったが、スルザーのディーゼルエンジン部門はバルチラ（フィンランド）に買収されて、現在のライセンス供給元はマンとバルチラの2社となっている。三井E&S DU、川崎重工、日立造船がマンのライセンスで、ＩＨＩ（ディーゼル・ユナイテッド）、現代重工などがバルチラのライセンスで舶用ディーゼル機関を製造している。この他、三菱重工は独自開発のディーゼル機関のライセンスをもち、傘下のジャパンエンジンが製造を行っている。

ディーゼル機関はコンテナ船の大型化にともなって急速に高出力化しており、２０２１年の時点で11万馬力のものが現れており、14気筒で、高さは13・5メートル、長さは26・59メートルもある。今後も、船舶の大型化・高速化にともなって高出力のディーゼル機関が開発されるものと思われる。

軽く高出力のガスタービン機関

重いディーゼル機関は、エネルギー効率はよいものの、できるだけ船体重量を軽くしたい種類の船には向かない。そのため、高速軍艦や高速旅客船では、航空機のジェットエンジンとして用いられているガスタービン機関を舶用に転用した機関が使われることが多い。

ガスタービン機関は、機関内部で燃料を爆発的に燃焼させて作り出した高速の気体の流れでタービンを回して、回転運動として取り出す内燃機関である。機関の前部から取り入れた空気を遠心圧縮機

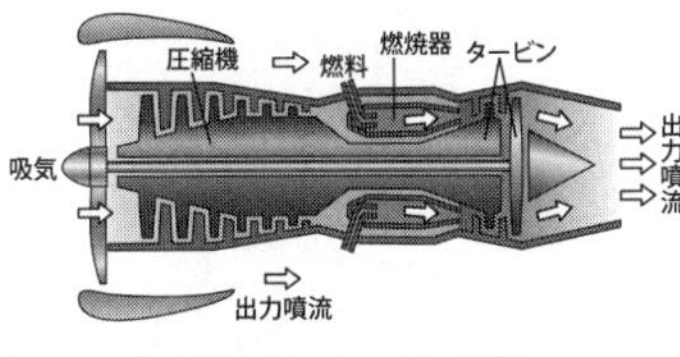

図3-5 航空機用ガスタービン機関の作動原理 （川崎重工業HPを参考に作図）

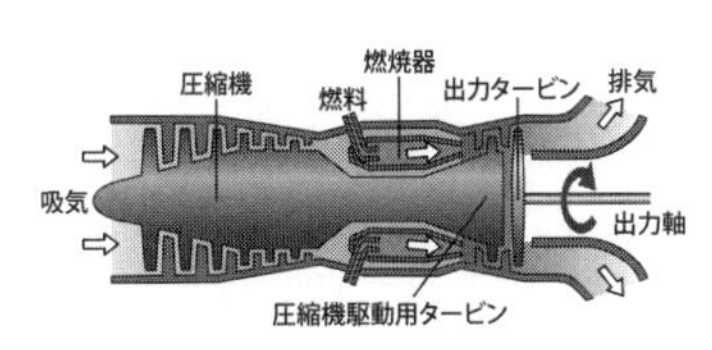

図3-6 舶用ガスタービン機関の作動原理 （川崎重工業HPを参考に作図）

で圧縮して、燃焼器内に送り、燃料とともに連続的に燃焼させて高温・高圧のガスとし、この高速ガスの流れでタービンを回す。航空機ではタービンの回転で前段にある圧縮機を稼働させ、推進力はタービンから排出されるジェット噴流を後方に噴出させて、その反力として得ているが、船用ガスタービンではタービン自体の回転運動によって推進器を駆動させている。使用される燃料は、石油を精製した軽油等である。

機関自体の価格が高いこと、燃費がディーゼル機関に比べて劣ること、メンテナンスコストが高いことなどから、一部の特殊船を除くと普及はしていないが、窒素酸化物（NO_x）、硫黄酸化物（SO_x）、黒煙等の排出が少ないことから、アラスカクルーズ等においては、環境への負荷低減のために、一部、ガスタービン機関を使うというクルーズ客船もある。

写真3-9　航空機用のジェットエンジンを転用した船用ガスタービン機関を搭載する全没翼型水中翼船「ぺがさす２」

電気推進機関とは

ディーゼル発電機で電気を起こし、電気モーターでスクリュープロペラを回して推進する船舶は、電気推進船と呼ばれている。ただし、最近になって高性能バッテリーに電気を溜めて電気モーターを回す船も現れたため、それと区別するために自動車の例にならって、船上に発電機を有する船はエンジンと電気モーターの二つの機関を有することからハイブリッド船と呼ぶこともある。ハイブリッドとは、異種のものの組み合わせ・かけ合わせによって生み出された新しいものの意であり、船舶の場合には発電用内燃機関と電気モーターを組み合わせた推進用システムということになる。

エネルギー効率の面から言うと、ハイブリッドにはメリットはない。内燃機関で取り出した運動エネルギーを電気に変換するときに10〜15%のエネルギーロスが起こるためだ。しかし、振動や騒音を少なくすることができるというメリットがあり、古くから高級志向のクルーズ客船や海洋調査船等には採用されてきた。一方、自動車のハイブリッドは、減速時のエネルギーを電気として溜めておき、エネルギーが必要な発進時に使うことで、全体としてのエネルギー効率を向上させることに成功した。しかし、船舶の場合にはブレーキがないので、こうしたエネルギー回収は難しい。

船舶へのハイブリッド化の普及は、砕氷船とクルーズ客船から始まった。両船種ともに、船内での電力消費の変動が激しく、大型のディーゼル機関よりも、複数のディーゼル発電機に分けて、必要に応じて発電量をコントロールして使うほうが総合的にエネルギー効率を向上させることができる。また、電気モーターの回転数やトルクを自由に変えることができるインバータ制御が発達して普及したことも、ハイブリッド化の追い風となった。こうして、静粛性と省エネが、同時に得られるようになった。頻繁に出入港を繰り返したり、荷役中の電力消費が大きく変動したりするような船については、ハイブリッドの電気推進船が適していることが実証され、日本の内航貨物船においてもハイブリッドシステムを搭載する船が増えている。

バッテリー船とは

電気を溜めることのできる蓄電池はバッテリーと呼ばれるが、最近、その軽量化と高容量化が急速に進んだ。代表的な軽量バッテリーとしては、リチウムイオン電池がよく知られており、ハイブリッド車や電気自動車に搭載されている。このバッテリーを船の推進エネルギー源として使う船をバッテリー船と呼んでいる。停泊中にバッテリーに充電しておいて、その電気を使って電気モーターを回して推進する。船からは排気ガスが出ないのが大きな特徴であり、都市部での大気汚染対策等には有用であるが、バッテリーの価格が高く、耐用年数も比較的短いこと、長時間の運航には向かないことなどが欠点であり、短距離航路の小型船にまだ限られている。なお、航海中の余剰電力などをバッテリーに蓄えておき、港内などでの電力として使う方法は、港湾域での大気汚染防止効果があるため普及が進みつつある。

また、地球温暖化対策としてバッテリー船を評価している場合もあるが、火力発電によってつくった電気をバッテリーに溜めて使う場合には、発電所でのCO_2排出を考えると逆効果になることもあることに注意が必要である。

原子力

船の動力として原子力も使われている。原子力機関はウランを燃料として、その核分裂による発熱を利用して、蒸気をつくり、それでタービンを回すことで船を動かしている。非常に少ない燃料で、かつ酸素も必要としないため、潜水艦をはじめとする軍艦、砕氷船等に搭載されている。とくに潜水艦では、稼働のための酸素がいらないうえに、乗組員の呼吸のための酸素を海水の電気分解で得られるため、長期の潜水行動がとれることから、アメリカ、ロシア、イギリス、フランス、中国、インドが多数の原子力潜水艦を運用している。

商船については、アメリカの貨客船「サバンナ」が1962年に、ドイツの鉱石運搬船「オットー・ハーン」が1968年に建造されたが、いずれも10年余り運航されたのち引退している。日本でも原子力船「むつ」が1972年に建造されたが、放射線漏れ等によって計画が大幅に遅れ、実験航海をしただけで原子力動力部は撤去された。

最近、各国で原子力機関を搭載した大型コンテナ船等の試設計は行われているが、いまだ、実現の目途はついていない。

抗力を利用した外車

次に、船の推進力を得るための装置について解説する。

最初の実用的蒸気船「クラーモント」（1807年）は、石炭を燃料とするレシプロ式蒸気機関で両船側に取り付けた水車を回すことによって水をかいて進んだ。この回転する水車は、外車もしくは外輪と呼ばれ、推進力が発生するのは、水車に取り付けられた板（パドル）に働く抗力である。平板を水の中で、その面に垂直に動かすと、水の流れが発生して、その反力として平板には流体力が働く。これが抗力（ドラッグ）であり、平板の後ろに渦ができて圧力が低下することで発生する。このときのパドルの抵抗係数は、約1・9〜2に達する。抵抗係数とは、板に働く力を「1／2×液体密度×平板面積×速度の2乗」で割った値で、単位をもたない無次元数である。外車は、回転する車輪に多数のパドルを取り付け、次々と水中に入ったパドルが水をかき、パドルに抗力が働くことで、船を進ませる推進力を得ている。外車のことを、英語では、パドル・ホイールと言う。

写真3-10　琵琶湖の遊覧船「ミシガン」の船尾に取り付けられた外車

揚力を利用したスクリュープロペラ

続いて、揚力を利用して推進力を発生させるスクリュープロペラが登場する。スクリューはネジを、プロペラは推進器を表している。すなわち、スクリュープロペラとはネジ式推進器を意味する。

蒸気機関で回転させる軸の周りにらせん状のネジを切り、水を後方に送り出すことで、その反力で推進力を得るというもの。その原理は、アルキメデスが紀元前に考案したアルキメディアン・スクリューと呼ばれる、水を送るポンプにあると言われる。これを、ほぼそのままの形で船の推進装置として使っているのが、北海道のオホーツク海の流氷観光船「ガリンコ号」だ。もともとは氷海の中で氷を割りながら進むために、この推進器が採用されたが、氷のない水面でも船を推進させる力を生む。

写真3-11 アルキメディアン・スクリューを推進器にした流氷観光船「ガリンコ号」(初代)

船用のスクリュープロペラの開発も、アルキメディアン・スクリューの原理を模倣して、前後方向に長くネジを切った形から始まった。試験中にネジの部分が壊れて、細い翼状の

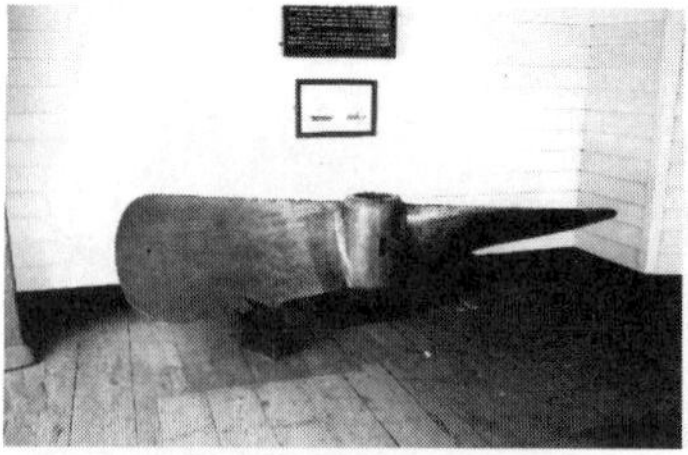

羽根だけが残ったときに船のスピードが上がったため、現在のように回転する軸の周りに複数の羽根が取り付けられた形になったという。この羽根が水中で回転すると、流れに対して迎え角をもち、羽根には揚力が働く。この揚力が回転軸方向の力を生み、これが船に推進力を与える。

写真3-12　初期の２枚翼のスクリュープロペラ

写真3-13　４枚翼のスクリュープロペラ

スクリュープロペラはなぜ船尾にあるのか

ほとんどの船のスクリュープロペラは船の後尾、すなわち船尾にある。小型の飛行機のプロペラがほとんど機首にあるのとは対照的だ。

スクリュープロペラが船尾にある理由は、スクリュープロペラが作動する場所の流速が速いほど効率が下がることに原因がある。すなわち、遅い流れの中でスクリュープロペラを回すほうが効率が上がる。そして船体周りの中で最も流速が遅いのが船尾付近なのである。その理由は、水の粘性によって船体周りに形成される境界層と呼ばれる遅い流れにあり、これは船首からの流れが船体表面を擦ることで生ずる摩擦力でエネルギーを失って減速することにある。船首から船尾に行くに従って、この境界層はしだいに成長して厚くなる。この境界層による船尾付近での遅い流れを伴流と呼び、英語ではウェークと言う。この伴流の中でスクリュープロペラが作動すると推進効率が向上する。これを伴流利得と言う。

この伴流は、レイノルズ数（第2章85ページ参照）が高くなると小さく縮む。レイノルズ数はスピードと船の大きさに比例するので、高速船ほど、また大型船ほど伴流は小さくなる。これが2軸や3軸船になると、スクリュープロペラの大部分が伴流の外に出てしまうため伴流利得を得られにくくなり、推進効率が低下する。このため、効率を重視する商船ほど、1軸のスクリュープロペラにすることが多い。

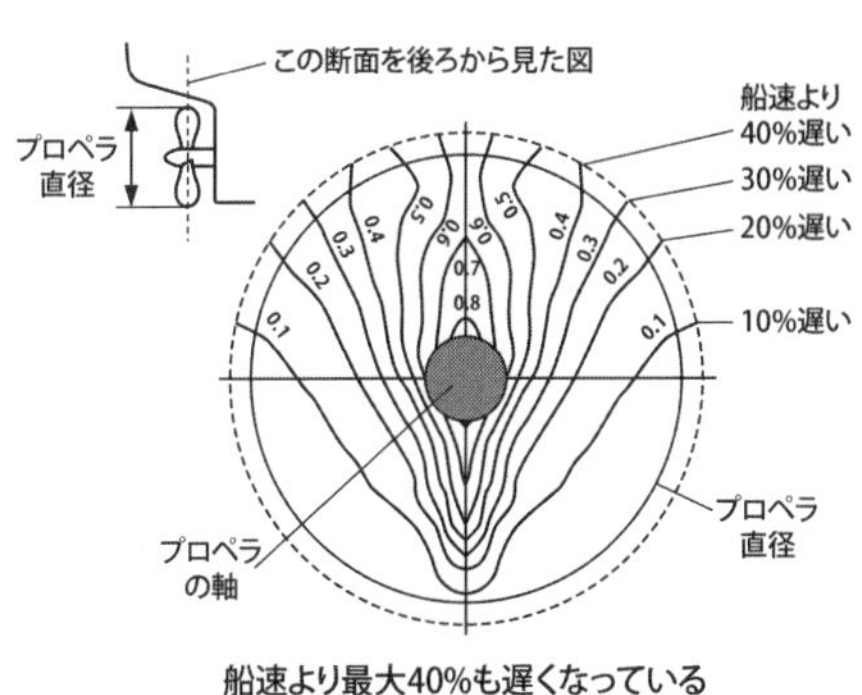

図3-7 スクリュープロペラに流入する流れ（伴流）の速度分布（池田良穂著『図解 船の科学』講談社ブルーバックスを参考に作図）

大直径・低速回転が推進効率を上げる

スクリュープロペラは回転数が低いほど大きな推力がだせる。これは回転する翼に流れ込む流れの迎え角が低回転になるほど大きくなるためである。このためできるだけスクリュープロペラの回転数を低く抑え、大直径にして必要な推力を発生させる。大型船では、スクリュープロペラの直径が10メートルを超え、毎分60回転という低回転の船も出現している。

キャビテーション

水の中で作動するスクリュープロペラにとって大きな問題がキャビテーションである。日本語では空洞現象と言う。液体の中で物体が動くと周りの圧力が低下する。そして、この圧力が液体内の蒸気圧より低くなると、液体中に空気の泡が発生する。これがキャビテーションである。このキャビテーションが起こると、翼の場合には揚力が減少して推力が低下するとともに、この気泡が破裂することによる衝撃圧で物体表面を侵食する。これをエロージョンと呼びスクリュープロペラの場合には一航海で表面がぼろぼろになることさえある。また水中騒音が発生して、船内騒音の原因となるだけでなく、潜水艦などでは敵に居場所を捉えられてしまう。

このキャビテーションを少なくするために開発されたのが、ハイスキュープロペラである。スクリュープロペラの翼は、クローバーの葉のようにほぼ対称の形をしているが、ハイスキュープロペラは先端部が回転方向に広がった形状（写真3－15）をしている。

多軸プロペラは敬遠？

スクリュープロペラでは、伴流利得が大きい1軸船のほうが低燃費となり有利だが、一つのスクリュープロペラでは十分な推力が得られないほどの高速が求められる場合や、推進器の故障の

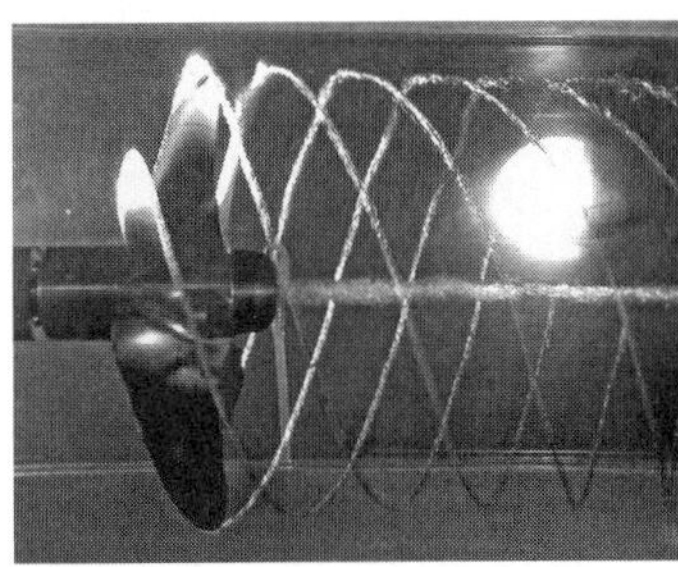

写真3-14　プロペラの先端から発生するキャビテーションによる渦

写真3-15　6翼のハイスキュープロペラ（ナカシマプロペラ提供）

場合の安全性確保のために、複数のスクリュープロペラをもつ船がある。これを多軸プロペラ船と言い、多い船では4軸船まで造られたことがあるが、一般的には2軸船までが多い。

とくに安全性を重視する客船や、継続的な戦闘能力をもつ必要のある軍艦では、万一の推進器故障時の冗長性の確保のために2軸船が多い。2軸船では船底から斜め後方に突き出したプロペラ軸およびその軸を支えるためのシャフトブラケットに働く抵抗が大きく、さらに前述したように伴流利得が得にくくなって推進効率が悪化する。それを防ぐためにスケグと呼ばれる船底に付

写真3-16 船底からプロペラ軸が斜めに突き出し、シャフトブラケットで固定された２軸推進船

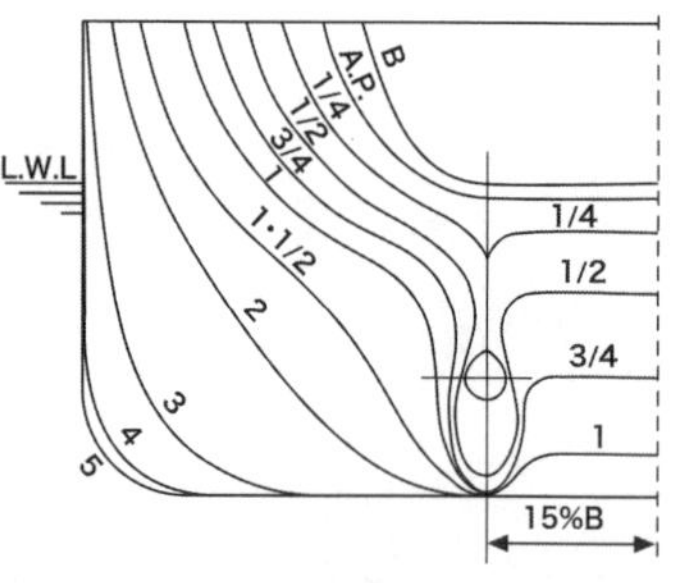

図3-8 ツインスケグ型船尾（船尾双胴型）の正面線図（塚田吉昭他：中小型２軸船の船尾船型等に関する研究、船舶技術研究所報告、第５号、1993-9を参考に作図）
船を輪切りにした断面を描いた図面。Bは船尾断面で、5は船体中央の断面。船長を1/10に割って、船尾から船首方向に1～10の番号を振っている。

けた2枚の板状構造のものでプロペラ軸を覆ったツインスケグ型や、船首は単胴で船尾を双胴型と考えて一体として設計した船尾双胴型と呼ばれる船型が開発されている。これらの船型では、左右に配置された二つのスクリュープロペラに、できるだけ伴流が集まるようにスケグ形状が工夫され、伴流利得を得ている。また、スケグの下端を回り込む流れを制御するためにスケグの断面が左右対称ではない船型も開発されている。

また幅広船型で、船底から突き出して設置するポッド推進器をもつクルーズ客船では、平らな船尾船底を切り上げたバトックフロー船尾船型形状にして抵抗を削減している船も多く、この場合には伴流利得は期待せずに複数の推進器に推力を分散している。

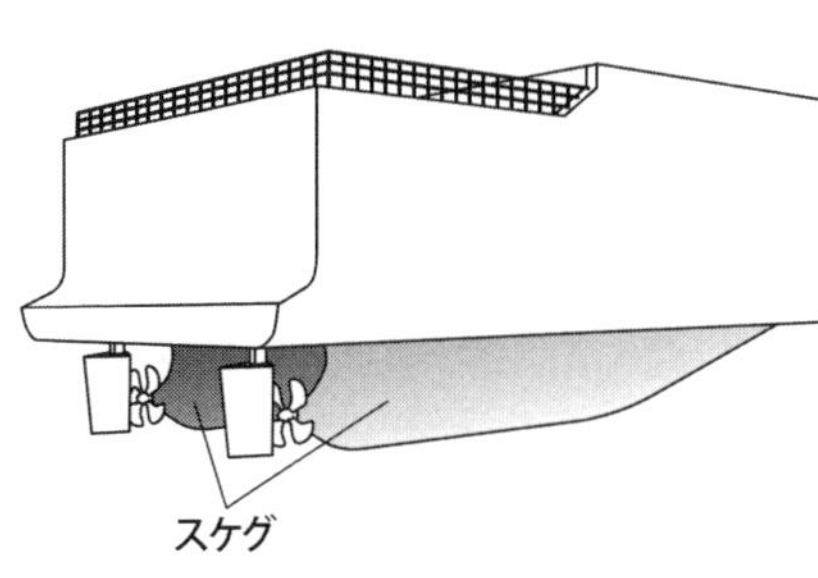

図3-9　船底に2つのスケグを設けて、その中をプロペラ軸が通るツインスケグ型の船尾形状。

特殊な推進器

推進器の説明の最後に、いくつかの特殊な推進器について説明しておこう。

まず、スクリュープロペラの向きが水平にほぼ360度回転して、どの方向にも推力が発生できるのが全方位

写真3-17　360度水平に回転できる2重反転式のアジマスプロペラ（ナカシマプロペラ提供）

型推進器であり、アジマスプロペラと呼ばれることが多い。一般的に船は横移動が難しいが、タグボートなどではどの方向にも推力が出せるといろいろな難しい作業が可能となる。そこで、船底から突き出した推進器を水平にほぼ３６０度回転できる推進器が開発された。この推進器では、機関の回転運動をハスバ歯車で直角に曲げて推進器を回転させる。

その後、船底より下方に設けたポッドと呼ばれる水密容器に電動モーターを入れてスクリュープロペラを回して推力を発生させ、ポッド自体を水平に約３６０度回転させることのできる推進器（ポッド推進器）がフィンランドで開発され、砕氷船、クルーズ客船、クルーズフェリーなどの大型船に搭載されるようになった。電気モーターが船外に配置されるため、電気を供給する発電機の配置の自由度が大きくなり、船内設計の自由度が広がった。

これらのアジマスプロペラは、推力自体を任意の方向に発生させることができるので、舵がいらない。また、ポッド推進器を一般的なスクリュープロペラの背後に設置して逆回転に回すことで二重反転プロペラとする船も現れた。

同様にあらゆる方向に推力を発生させることのできる特殊な推進器として、船底に設置するフォイトシュナイダープロペラがある。水平に回転する円板に複数の細い翼を取り付け、その翼の角度を制御することで任意の方向に推力を発生させることができる。1931年にはドイツで実用化され、遊覧船、タグボートなどの小型船に多く使われた。各種のアジマスプロペラの出現によって、数を減らしてはいるが、ドイツでは技術開発が進んで新製品も製造されている。

スクリュープロペラの最大の欠点が、高速回転時に発生するキャビテーションである。これを避けるために高速船では、船底から海水を吸い込んで、ポンプで加速して、ノズルから高速噴射して推力を得るウォータージェットが使われている。

写真3-18 船尾船底に取り付けられたフォイトシュナイダープロペラ

写真3-19 ウォータージェットで高速航走するジェットフォイル

3-2 地球を守る——省エネとグリーン化

船舶の省エネ化

商船の場合には、運航することによって運賃を稼ぎ利益を上げることを使命としている。海運の利益は、運賃収入からコストを引いて求められる。収入が十分にあるときには、コストに鷹揚であるが、収入が減ればコスト削減に必死になる。

貨物船の運賃は図3－9に一例を示すように、驚くほど変動する。これは輸送需要と輸送力供給のアンバランスから来る。輸送需要が大きくて、供給が足りなくなれば、運賃は上昇する。運賃が上昇して莫大な利益がでるようになると、新規参入者が現れて船の新造発注が増加し、それらの船が大量に就航して供給量が過多になると運賃が下がり、採算がとれなくなる。このように海運の好不況に応じて、運賃は大きな変動を繰り返す。

それ以外にも輸送需要や供給はさまざまな要因で変化する。たとえばスエズ動乱でスエズ運河が閉鎖された時には、迂回航路で航海距離が増加して船が足りなくなり運賃が高騰した。また中国が世界の工場として経済発展を遂げると、輸送需要が増大した。さらに2020年からは、新

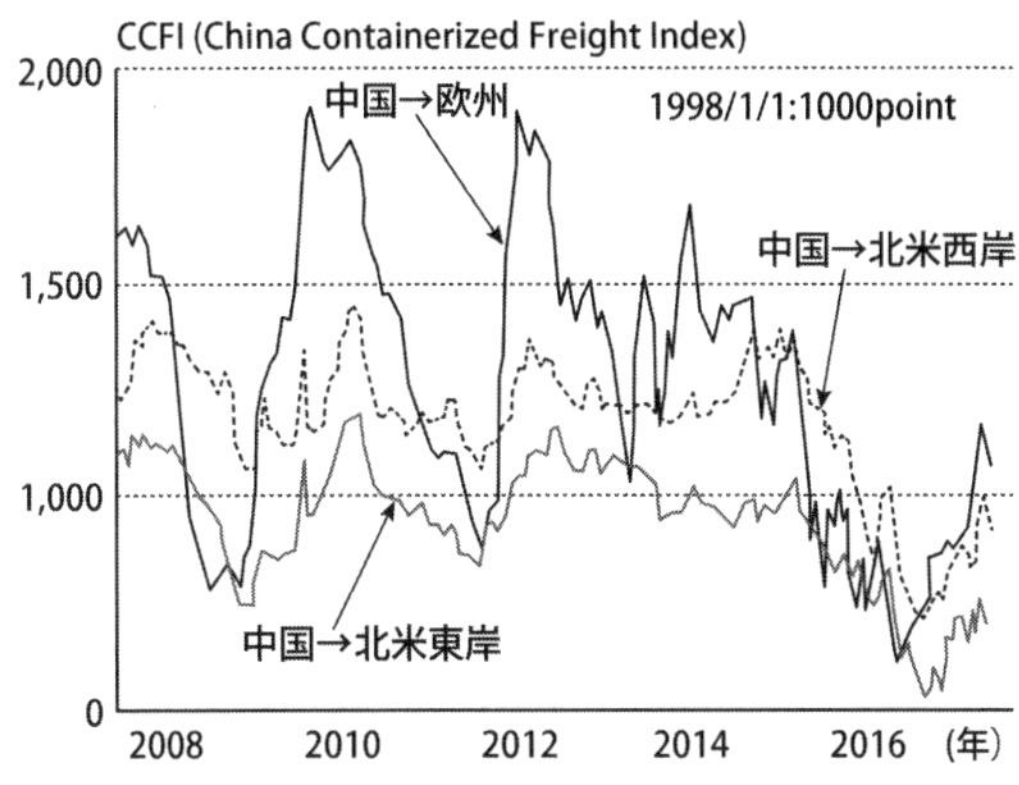

図3-10　中国発の海上コンテナ運賃指標CCFIの推移

型コロナ禍で港の機能がマヒしたり、コンテナ輸送のためのトレーラーの運転手が不足したりして、コンテナの海上輸送運賃が暴騰し、２０２２年には中国から北米へのコンテナ運賃指標であるＣＣＦＩ（図３－10）が２７００にまで達した。

このような海上運賃の変動は古くから繰り返され、海運業界、造船業界の好不況を招いている。

オイル価格高騰が省エネを加速

１９７０年代に発生した2回のオイルショックは、船舶の省エネ化を一気に進めた。低抵抗の船型の開発、効率の高い推進装置の開発、低燃費ディーゼル機関、大直径低回転プロペラ、船体重量の軽減、排ガスエコノマイザーのようなエンジンからの排気ガスの熱エネルギーの回収、船舶の大型化、航海速力を低下させるなどの対策により、船が使うエネルギーはオイルショック後にはほぼ半減した。

さて、オイルショック前には1バレルあたり2ドル程度だった原油価格は、1973年の第一次オイルショックで5倍の10ドルに、1979年からの第二次オイルショックでさらに約3・5倍の約35ドルにまで高騰した。しかし、1980年代後半には20ドル前後と価格は安定した。

2000年代になって、原油価格は再び高騰した。これは限られた資源とみられていた石油・天然ガスの先行きが不安視されたことが主な原因で、1バレルあたり約140ドルにも達した。しかし、2006年頃からアメリカにおいてシェールガスおよび石油の生産が行われるようになって、石油が限られた資源であるとの不安は解消され、2015年には1バレルあたり40ドルにまで下落した。しかし、2022年に発生したロシアによるウクライナ侵攻を契機にして再び原油価格は高騰して1バレルあたり100ドルを超えた。

このように翻弄される原油価格によって、船の経済性を保つための省エネに対する技術開発ニーズは不断に続いている。

省エネとCO_2排出削減

2000年代からは、地球温暖化から、人為的に排出される二酸化炭素＝CO_2の削減が求められるようになった。一般に環境問題は、経済問題と相反する場合が多いが、このCO_2排出削減は省エネによって実現できるので、経済性との相性が良い。国際海事機関（IMO）において、船舶のCO_2排出削減問題が取り上げられ、エネルギー効率設計指標、EEDI（Energy Efficiency Design Index）というCO_2排出指標がつくられ、2013年に「船舶による汚染の防止のための国際条約」（MARPOL条約）の一部として発効した。

EEDIは、1トンの貨物を1海里運ぶ航海において排出するCO_2の量であり、エンジン出力が小さいほど小さくなる。すなわち省エネ船ほどEEDIは小さくなる。新造時にEEDIが規制値を満足している必要がある他、管理計画書の作成、燃料消費の実績報告などによってその実効性がチェックされている。

では、船舶に与えられたエネルギーのうち、どの程度が実際の仕事に用いられているのか。大型船の推進に用いられている低速ディーゼルの場合には、55%強のエネルギーが直接有効に航海のための仕事に用いられており、さらに10%強が排熱を使った発電、燃料の余熱エネルギー、蒸留水の生成、蒸気などとして回収されて用いられている。残る約30%が冷却水や排気管からの熱として船外に捨てられている。この船舶の60%を超えるエネルギー効率は、火力発電の約40%や、ガソリンエンジン車の約30%のエネルギー効率に比べると極めて高いが、それでも捨てられているエネルギーの回収技術の開発が綿々と続けられている。

実海域で走れない省エネ船

さて、省エネ船の開発が進み、低燃費の優秀船が登場したものの別の問題もでてきた。それが省エネタイプの優秀船が、実際の航海で荒天に遭遇するとスピードが大幅に落ちて、スケジュールが保てないという問題だった。とくに省エネ船建造のトップランナーであった日本の造船所の建造船がやり玉に挙がった。波のない静水域では最小の馬力で走れるが、波があると、とたんにスピードが落ちる。こうして静水域での性能だけでなく、実海域での性能が重要であることが再認識された。波と風が、船舶の速度を減少させるが、その詳細については第2章をご参照いただきたい。

船舶の実海域での性能の認証の試みも行われている。たとえば、日本の海上技術安全研究所では、当時の車の燃費計測法「10モード燃費」に倣って、「海の10モード指標」として、10種類の気象海象条件での推進性能に基づく評価方法を開発してEEDI指標に反映させた、EEDI weatherの認証が行われるようになっている。

クリーン化

船舶のエンジンからの排出ガスに含まれる大気汚染物質としては、窒素酸化物（NO_x）、硫黄酸化物（SO_x）、粒子状物質（PM）がある。窒素酸化物は人の呼吸器に影響を及ぼし喘息などの病気を発症させ、硫黄酸化物は燃料に含まれる硫黄や窒素が燃焼時に発生して人体の呼吸器等に悪影響を及ぼすだけでなく、酸性雨の原因ともなって自然環境に悪影響をあたえる。粒子状物質は、大気中に浮遊するマイクロメートル程度の大きさの小さな物質で、人体に呼吸器疾患等の健康被害を及ぼす。

日本では、1960年代の高度経済成長の時代に都市部を中心に、大気汚染による公害問題が顕在化した。各種製造工場や化学コンビナート等から排出されるSO_x及び煤煙によるさまざまな健康被害が発生して、法的な規制ができて、その対策がとられた。

1970年代になると、自動車の排気ガスによる環境汚染が問題となり、とくにNO_xの削減が求められた。1968年に制定された大気汚染防止法では、自動車の排ガス対策として、NO_x以外にも、一酸化炭素、炭化水素、鉛化合物、粒子状物質が規制対象となった。1960年代の公害が、「B to C」すなわち企業（B）から周辺住民（C）への被害だったのに対して、1970年代からの公害は、主に自動車等からの都市生活型の公害で、「B to C」だけでなく「C to C」の被害になったこと、被害が工業地帯周辺だけでなく大都市圏の広範囲に広がったという点に特徴があった。大型車に搭載されたディーゼル機関の排気では、粒子状物質が花粉症を発症させるといった指摘もあり、そのクリーン化が社会ニーズとなった。

クリーンディーゼルの開発

このディーゼル機関のクリーン化では、機関内での燃焼を均一化して燃料の完全燃焼を図ることと、機関からの排気ガスから有害物質を取りのぞくという、二つの対策がとられた。前者はシリンダー内での燃焼を均一化するために、電子制御化によって燃料噴射のタイミングを最適化することで行われ、後者は排出されるNO$_x$に尿素を添加して還元する方法や、NO$_x$を硝酸塩の形で触媒中に吸収還元する方法で低減させ、PMについてはフィルターによる物理的な除去が行われている。

一方、生活圏と近接した場所で使われる車と違って、船舶は陸地から離れた洋上を航海するため、排気ガスによる公害についてはあまり問題視されなかったものの、このクリーン化の流れは船舶にとっても無縁ではなく、IMOでは、1973年には「船舶による汚染の防止のための国際条約」（MARPOL条約）を制定し、1978年の同条約の議定書では、大気汚染に関する規制が盛り込まれ、これは2005年に発効している。

まずNO$_x$については、自動車と同様に段階的な規制が行われた。2016年には、環境先進国と呼ばれる欧米の周辺海域の一部がECA海域（Emission Control Area）に指定されて、3次規制が実施され、1次規制時に比べてNO$_x$は80％余り削減された。なお、このECA海域には、北アメリカ沿岸200海里およびアメリカカリブ海、欧州の北海およびバルト海が指定されている。

またSO_x規制も段階的に行われている。こちらは燃料油に含まれる硫黄分の割合が２０２０年から０・５％以下に規制されており、さらに厳しい環境規制を課すＥＣＡ海域では０・１％以下になっている。このため燃料油として、硫黄分を減らしたＣ重油、または軽油やＡ重油の使用が必要となるが、従来のＣ重油を使っても脱硫装置（SO_xスクラバー）によって排ガスから硫黄分を除去すればよいことになっている。実際にはスクラバーを搭載する船主と、低硫黄燃料の使用を選択する船主とに二分されているが、船舶の運航経済的にどちらがよいかについては原油価格の大きな変動の影響もあってまだ答えはでていない。

写真3-20 排気ガスの硫黄酸化物を除去するためのスクラバーを設置して巨大化したカーフェリー「フェリーふくおか」の煙突

このように船舶でも、石油燃料でのクリーン化対策が種々進められているが、さらなるクリーン化の手段として液化天然ガス（ＬＮＧ）の舶用燃料としての利用も始まっている。

LNG燃料

天然ガスはメタンを主成分とした気体で、石油等とともに地下から産出される天然エネルギー資源である。一般的には生産地から消費地までパイプラインで運ばれるが、気体なので体積が大きい。これを液化すると体積は600分の1にできるが、そのためにはマイナス162度という極低温に冷却することが必要となる。このため石油とともに産出される天然ガスの多くは生産地で燃やされてきたが、生産地と消費地が隣接するアメリカでは、パイプラインで近くの消費地に送られていた他、液化したLNGをタンク車等で消費地に運んでいた。

このLNGの国際海上輸送が初めて行われたのは1959年のことで、その第一号は改造船「メタン・パイオニア」(Methane Pioneer 4907載貨重量トン)で、アメリカからイギリスまで輸送した。1965年にはフランス、1969年には日本がLNGの船舶での輸入を開始した。輸入されたLNGのほとんどは、都市ガスや発電燃料として使用された。

LNG燃料は、燃やしてもSO_x、PMの排出がほとんどないうえ、NO_xの排出も極めて少なく、CO_2排出量も石油より25~30%少ないため、船用燃料として選択する船主が欧米を中心に増えており、2020年代になって日本の主要海運会社も船の燃料を油からLNGにシフトさせはじめた。

さて、船用燃料のLNGシフトの流れは、1970年代から欧州において国をまたいで大気汚染への対策が行われたことに端を発しており、海事分野においても2005年にIMOのMARPOL条約においてNO$_x$排出の1次規制が始まった。こうした状況下、2000年に、世界で最初のLNG燃料のカーフェリー「グルトラ」がノルウェーのフィヨルド内航路に登場した。三菱重工製の4基の675キロワットガスエンジン発電機で2基の電動スラスターを駆動する両頭船で、2基のLNGタンクを上甲板下にもち、その搭載量は32立方メートルであった。

写真3-21 世界初のLNG燃料カーフェリー「グルトラ」

電力の9割を水力発電で賄うノルウェーでは、NO$_x$排出量の約4割を船舶が占めており、NO$_x$排出に対する課税制度が2007年から始まり、さらにLNG等のクリーン燃料船の建造には補助金が支給された。こうした事情もあって、世界に先駆けて、まずノルウェー沿岸でLNG燃料船へのシフトが始まった。

2013年には、スウェーデンとフィンランドを結ぶバルト海横断航路に6万総トン級のLNG燃料のクルーズフェリー「バイキング・グレース」（写真3－22）が登場した。同船は、ストックホルム港でLNGバンカリング船「シーガス」からの燃料補給体制を整えて運航している。

写真3-22　2013年にバルト海横断航路に登場した大型LNG燃料クルーズフェリー「バイキング・グレース」

写真3-23　「バイキング・グレース」のエンジンコントロールルーム

写真3-24　日本初のLNG燃料カーフェリー「さんふらわあ くれない」の船尾デッキ上のＬＮＧタンク

ノルウェーの船級ＤＮＶによると、２０１８年2月時点で、ＬＮＧ燃料船は世界で１２０隻に達しており、その後２０１９年から順次完成のカーニバル・クルーズ・グループの18万総トン型クルーズ客船６隻では、ＬＮＧと石油の二つを燃料として使えるデュアル・フューエル・ディーゼル機関を搭載した。また、日本の主要船会社が自動車運搬船を中心として各種貨物船でＬＮＧ燃料船の大量建造を計画している。日本では２０２３年に最初のＬＮＧ燃料カーフェリー「さん

ふらわあ くれない」が大阪と別府の間に登場している。

ガスエンジンとは？

ここで、ＬＮＧ燃料の船用機関について説明しておこう。ガスを燃料として使う内燃機関の歴史は、石油を燃料とする内燃機関より古い。すなわち、内燃機関の歴史はガス燃料エンジンから始まっているとも言える。シリンダー内で燃料を爆発的に燃やす内燃機関では、液体よりも気体のほうが向いていることは容易に想像できよう。このガスエンジンを実用化したのはドイツのニコラウス・アウグスト・オットーで、燃料ガスと空気を混合してシリンダーに導いて点火して爆発的な燃焼をさせてピストンを上下に動かした。１８７７年には特許を取得し、今の４ストロークク（サイクル）エンジンの起源となった。今でもオットーの名前は、オットーサイクルとして熱機関の教科書で親しまれている。ただし、燃料のガスはパイプラインで供給する必要があり、移動体である鉄道車両や船の燃料としては向かなかった。

このためガスエンジンは陸上の発電所で広く使われてきたが、燃料となるガスを液化することによって移動体の燃料としても使われるようになった。最初に使われたのは液化石油ガス（ＬＰＧ）で、一般の車の燃料としてガソリンの代わりに使われた。これは加圧するだけで液化ができ、気体時の２５０分の１の体積にできるためで、NO_x、ＰＭの排出量も低く、CO_2排出量はガソリンより約10%低い。ガソリンに比べて価格も安いため、日本ではタクシーなどに広く使われている。

移動体の燃料としての天然ガスの利用も自動車から始まった。体積を小さくする方法によって、圧縮天然ガス（ＣＮＧ）、液化天然ガス（ＬＮＧ）、吸着天然ガス（ＡＮＧ）があり、内燃機関のタイプとしてはディーゼルエンジン型とガソリンエンジン型の二つがある。自動車で実用化されているのはＣＮＧ燃料だけで、ガソリンエンジンでは容易な改造で実現が可能であるが、ディーゼル機関の場合には大規模な改造が必要となる。

舶用ＬＮＧエンジン

さて、このように自動車では導入が先行していた天然ガス燃料の利用が船舶にも広がった。エンジンとしては、点火の必要なガス専焼機関と、圧縮して自然発火させるディーゼル機関をベースとしたデュアルフューエル機関（以下ＤＦ機関）がある。ＤＦ機関では、ガスモードでの運転時に微量の液体燃料を噴射する必要があるため石油燃料も必要となるが、石油運転に切り替えて従来の油焚きディーゼル機関としても使うことができるという大きなメリットがある。

このように舶用機関としてのＬＮＧ燃料化については、機関自体には従来の2ストローク、4ストロークのディーゼル機関の技術がほぼ使えるので問題は少ないが、マイナス162度と言う極低温の燃料を搭載する特殊なタンクが必要で、しかも石油燃料より体積が大きくなるためにその搭載場所の確保が必要となる。

大型LNG燃料船の走りでもあるバイキング・ラインの「バイキング・グレース」(写真3－22)では、船尾の露天甲板に2基のLNGタンクを搭載しており、このタイプが主流になっている。また、LNG船の普及には燃料補給体制、すなわちバンカリング体制の整備が欠かせない。小型フェリー等では、LNGタンク車によっているが、大型船にあってはバンカリング船によるシップ・ツー・シップの燃料補給体制が必要となる。日本では、東京湾と伊勢湾・三河湾にLNGバンカリング船が整備されたが、今後、さらにLNG燃料船が普及するためには、各地の港湾でのLNGバンカリング能力を高める必要があるとされている。

グリーン化

21世紀になって地球温暖化に及ぼす人間活動の影響が問題視されるようになり、大気中の温度上昇の原因物質の増加を防ぐ対策が議論されるようになった。この物質は温室効果ガス(グリーンハウス・ガス。以下GHG)と呼ばれており、種々の気体があるが、その中でも人間の活動によって排出されるCO_2がやり玉に挙がっている。地球は太古から何度も温暖化と寒冷化を繰り返しており、現在進行中の温暖化が人間活動にだけ由来するとは言えないものの、温暖化にともなう海面上昇による島嶼(とうしょ)国の水没の危険性、低気圧の強靱化や豪雨・干ばつ等の気候変動などの環境変化への対応のための時間を稼ぐ方策として大気中のＧＨＧの濃度を増やさずに維持するというのが世界中の共通認識になりつつある。

国連では、１９９２年にリオデジャネイロで国連環境開発会議（地球サミット）を開催して、ＧＨＧの安定化のための気候変動枠組条約を締結し、以来、毎年締約国会議（ＣＯＰ）を開催している。その中でも、１９９７年の京都議定書、２０１５年のパリ協定がよく知られている。２０２１年にグラスゴーで開催されたＣＯＰ26では、CO_2削減量の各国目標が引き上げられ、日本も２０３０年度のＧＨＧ排出量を２０１３年度排出量から46％削減する目標を宣言したことは周知のとおりである。

国際海運のCO_2排出量は、全体のわずか２％程度ではあるが、その削減対策を国際海事機関（ＩＭＯ）が検討し、２０１８年の会議では、２０３０年までに２００８年比で40％以上のCO_2排出量の削減、２０５０年までにＧＨＧ排出量の50％削減、今世紀中のなるべく早期にＧＨＧ排出ゼロを目標とすることが合意されている。日本では、国と海運業界を挙げて、この目標を前倒しして、２０５０年の排出ゼロに挑戦することを表明し、ＩＭＯにおいて同目標の合意を目論んだものの、一部の発展途上国の反対で否決された。議論の中でＧＨＧとCO_2が混在しているのは、地球温暖化を招くＧＨＧには、CO_2だけでなく、メタン、フロン、一酸化窒素などを含むためであり、GHGと書かれている場合は、より広く削減対象の網を広げることが意図されている。

このような状況のもと、船舶用燃料にも大きなパラダイムシフトが迫られている。すなわち、CO_2排出の削減と、その先にはGHG排出をまったくなくするという高い壁がそびえている。ただし、ここで大事なのは、つねに目的を見間違えないことである。本来の目的は地球温暖化の防止にあり、CO_2排出削減は一つの手段にすぎない。たとえば排出しても、その分を固定化すれば空気中のCO_2濃度は増えないというように、削減以外にもさまざまな対応策が存在するのである。この激動の時代を、船舶がどのように技術を駆使して難題を乗り越えていくのか、目が離せない。

第4章
船の運動

4-1 船を揺らす力――船体運動

波による船体運動

船は波の中で揺れ、大波をかぶったり、時として転覆に至ったり、船体が折れることもある。波の中での船体運動およびそれにともなう抵抗の変化、安全性にかかわる諸現象などのことを総称して船の耐航性と言う。この他に堪航性（たんこうせい）または凌波性という言葉も使われるが、堪航性は法律用語として船体、機関、装備品などが航海に耐えられるかを示しており、凌波性は荒天時においても安全に航海できる船体性能を表すときに用いられる。

海上での船体の運動は、図4－1に示すように、6自由度の運動となっている。すなわち、前後、左右、上下の3方向の直線運動と、それぞれの直線方向軸の周りの3つの回転運動の計6つの運動からなっている。船体運動においては、直線運動は、それぞれ前後揺れ（サージング）、左右揺れ（スウェイイング）、上下揺れ（ヒービング）と名付けられており、回転運動は横揺れ（ローリング）、縦揺れ（ピッチング）、船首揺れ（ヨーイング）と呼ばれている。中でも転覆にまでつながる恐れのある横揺れと、スラミング、船首冠水そしてプロペラレーシングなどを発生させる縦揺れと上下揺れは、船舶の最も危険な運動として古くから研究が行われている。

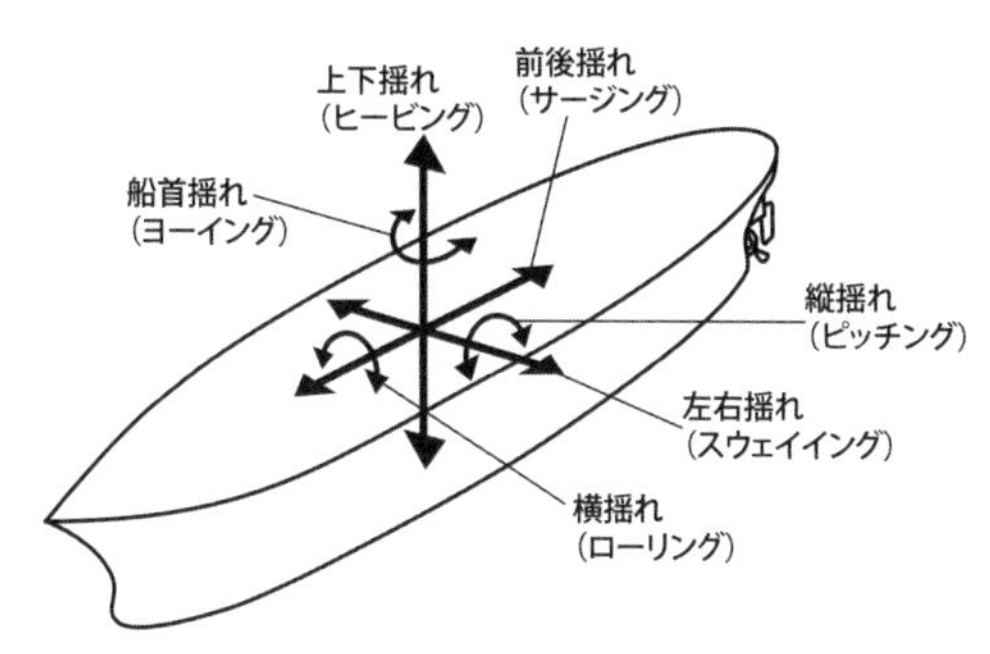

図4-1 波の中での船体の6自由度の運動（池田良穂著『図解 船の科学』講談社ブルーバックスを参考に作図）

横傾斜と横揺れ

乗船客が一方の舷に集中したり、荷物を一方の舷に偏って積んだりすると、船は一定の角度に傾く。これを横傾斜（ヒール）と言う。この横傾斜が、第2章で説明した復原力消失角を超えると船は転覆する。船が強い横風を受けたり、急に舵を切ったりしても横傾斜が起こる。このときの横傾斜角は、船を傾けようとする外力（強制力）と、船のもつ横復原力の釣り合いで決まる。

一方、横揺れ（ローリング）は、波による周期的な外力によって起こされるが、船が運動することによる慣性力、船の運動によって周りの流体を動かすことによる周期的流体力、水から受ける復原力のバランスによって複雑に変化する。

揺れが大きくなる同調

波の中での横揺れは、外力である波の周期で揺れるが、時としてその運動が大きくなることがある。それが同調という現象で、機械や建物の場合には共振または音の場合には共鳴と呼ばれることもある。

これらは、振動系のもつ固有周期と外力の周期が一致すると振動が大きくなる現象である。固有周期とはその振動系がもつ固有の周期（一回の往復振動にかかる時間）で、たとえば静水中に浮かぶ物体を傾けて離すと自然に揺れる周期のことである。周期は時間の単位である秒で表されるが、逆数すなわち周期分の1とした周波数（単位はヘルツ）や、さらに2πを周期で割った角周波数または円周波数（ラジアン毎秒）もよく使われる。

船の横揺れの固有周期は、小型船では数秒、大型船では10〜20秒、最近の大型のクルーズ客船では30秒近い船もある。

一方、横揺れを誘起する波の周期は海域等によってさまざまだが、船の運動に影響を及ぼすのは4〜10秒程度の波である。この波の周期と、船の固有周期が一致すると船は大きな同調横揺れを起こす。

やっかいなのは波から受ける強制力としての周期が、船との出会（であい）角と、前進速度によって変化することだ。このときに船が出会う波の周期を出会周期と言う。船首方向からの波を向波（むかいなみ）、横からの波を横波、後ろからの波を追波(おいなみ)と呼ぶが、向波では出会周期が短くなり、追波中では長くなる。船が航行中には、この出会波の周期が、船の固有周期と一致したときに同調現象が起こる。このため止まっているときにはほとんど同調横揺れを起こさない船が、追波中で出会周期が長くなって大きな同調横揺れを起こすこともある。この出会周期が変わる現象は、走る車の中で近づいてくる救急車のサイレンが短く、そして離れていくと間延びして聞こえる、いわゆる音波のドップラー効果と同じ現象である。

写真4-1 横波を受けて大きく同調横揺れするパイロットボート

波の中での船体運動を支配する方程式

船の波の中での運動は、長い間、船乗りの体験・経験に基づいて理解されていた。船舶試験水槽が世界各地に建設され、その中には波を起こす造波装置をもつものも現れ、模型船を用いた実験によって波浪中の運動性能を研究することも行われるようになった。この模型実験によって多くの知見が得られたが、やはり理論的なアプローチが必要とされた。

波の中での船体運動を理論的に求めることはできない

か。その基礎となるのはニュートン力学だ。今では古典力学と呼ばれていて、そんな古い学問が役に立つかと思う人もいるかと思うが、運動速度が光の速度に比べて十分に小さく、また重力が極端に大きくなければ十分に使え、宇宙に行くロケットでさえニュートン力学でその運動を表すことができる。

高校の物理で学んだようにニュートン力学では、ある質量（m）の物体に力（F）が働くと運動し、そのときの運動加速度（a）は力（F）に比例し、質量（m）に反比例する。すなわち、これを数式で書くと、おなじみの$F=ma$という式になる。回転運動では、この式中の「力」が「モーメント」に代わり、質量は慣性モーメントに代わる。

波の中での船の運動も、ニュートン力学に基づく運動方程式で表すことができ、それによってさまざまな船体運動の特性を理論的に知ることが可能となった。横揺れの運動方程式は、横揺れ角を未知数として立てられ、横揺れ角を時間で2回微分した角加速度、1回微分した角速度、そして角度に比例する3つのモーメントと、波からの強制モーメントが釣り合うことから立てられる。角加速度に比例する項は慣性項、角速度に比例する項は減衰項、角度に比例する項が復原項と呼ばれる。

6つの自由度からなる船体運動は、6元の常微分方程式によって数学的に表すことができ、その方程式を解くと運動を求めることができる。この常微分方程式は船体運動方程式と呼ばれている。

船体が運動することによって流体から受ける力は流体力と呼ばれる。この波浪強制力および流体力は、流体力学を駆使して理論的に求められるが、実験で計測した値が方程式に組み込まれることもある。

やっかいな非線形性

この船体の運動方程式は、各項が変位やそれを1または2回微分した値に比例する、すなわち変数の一次式で表せるとは限らない。つまり非線形の微分方程式になる可能性があり、その場合には、これを解くのはやっかいで、場合によっては解が一つには定まらないこともある。たとえば、減衰項は粘性の影響や大振幅になると運動速度の一次式では表すことができずに非線形となる。また、第2章で説明したように復原項も傾斜角が約15度以上になると傾斜角の一次式からは外れてしまい、線形性を失う。

そこで、船体運動が小さく、非線形性が小さいと仮定して運動方程式を簡略化し、線形微分方程式（運動変位の一次式の足し合わせ）として、それを解いてみると、解は一つに決まり、さまざまな船体運動にかかわる現象が理論的に説明できるようになった。

横揺れを減らす方法

　波の中での6自由度の船体運動で最も危険なのが、横揺れ運動である。この運動は前後軸の周りの回転運動であり、大きく揺れると転覆の可能性もあるからである。とくに、船の横揺れの固有周期と、波の周期が一致すると同調を起こして大きな横揺れとなる。この同調横揺れを小さくするためには、横揺れ速度に比例する流体力、すなわち横揺れ減衰力を大きくすることが必要である。このためにビルジキールの装着、フィンスタビライザーやアンチローリング・タンク等の横揺れ低減装置を搭載する。

　ビルジキールとは、船側と船底をつなぐ丸いビルジ部と呼ばれる場所に取り付けられる、前後に細長い平板で、船が横揺れすると先端から渦が発生して横揺れのエネルギーを消費することで横揺れを低減する。構造が簡単で、横揺れ低減効果も高いため、ほぼすべての船に取り付けられている。

　フィンスタビライザーは、水面下のビルジ部に飛行機の翼のような形のフィンを出して、それに働く揚力をコントロールして横揺れを軽減する。この装置の生みの親は日本人で、三菱長崎造船所の造船技術者だった元良信太郎（もとらしんたろう）氏。世界最初のフィンスタビライザーは、１９２３年に対馬商船の客船「睦丸」に装備された。戦後、この特許はイギリスにわたり、コンピュータの登場によって的確な制御が可能となり、非常に効果が大きいため、今ではあらゆる種類の客船やＲＯＲ

〇貨物船などに取り付けられている。フィンスタビライザーの欠点は、船の前進速度がないと効果がないことだ。

船の前進速度がなくても、横揺れ低減効果があるのがアンチローリング・タンクだ。船の両舷

写真4-2 ビルジキール（宮崎カーフェリー提供）

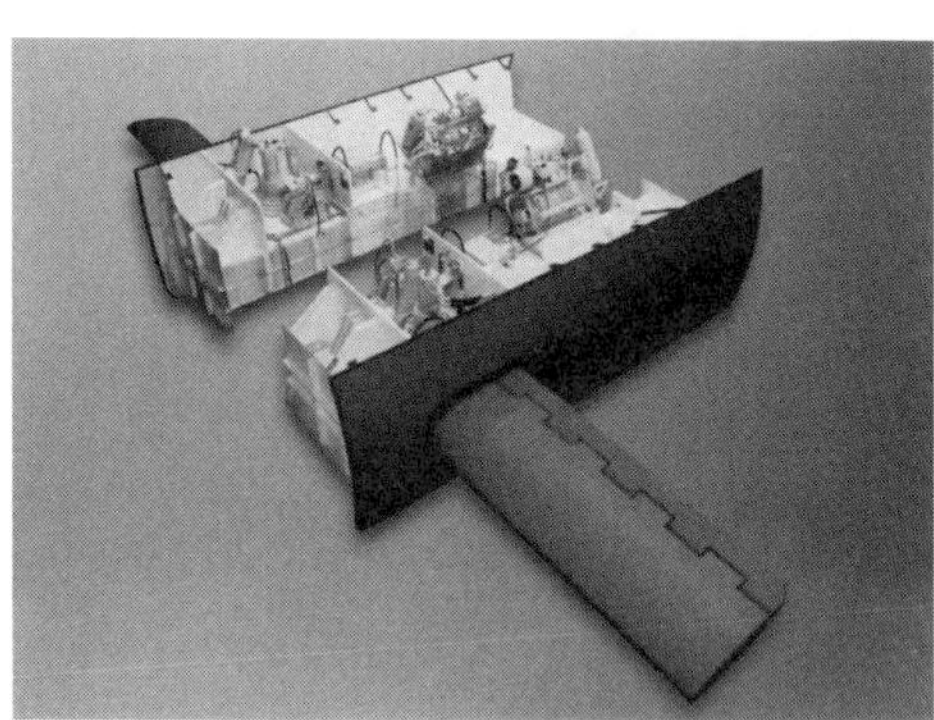
写真4-3 左右両舷のフィンスタビライザー（三菱重工提供）

に設置したタンク内の水が横揺れによって左右に移動する現象を利用して、横揺れ減衰力を発生させて、横揺れを抑える。

この他にもさまざまな横揺れ低減装置が開発されており、ニーズに応じて搭載されている。

写真4-4 アンチローリング・タンク

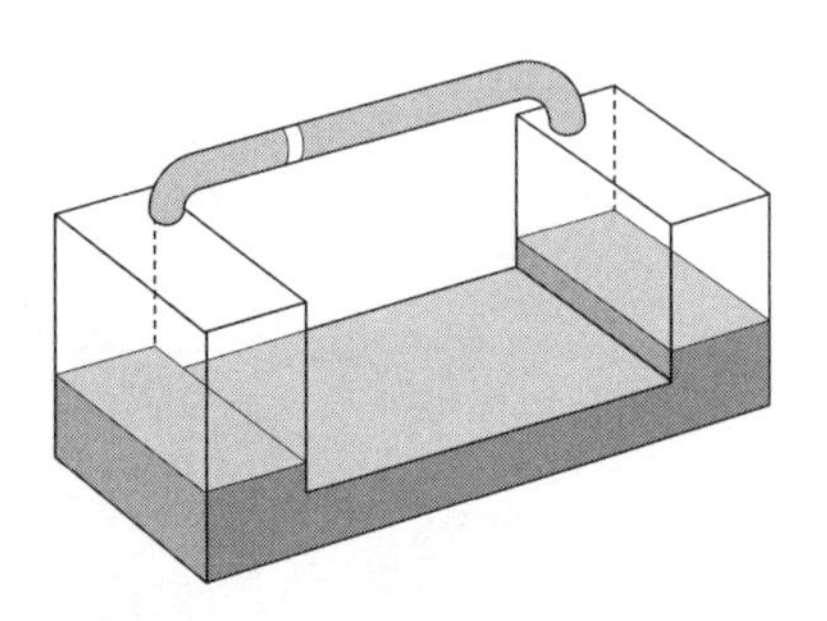

図4-2 U字型アンチローリングタンク。船体の横揺れに伴って、タンク内の水が位相をもって動くことにより横揺れを軽減させる横揺れ減衰力が発生する。

縦運動

波を正面前方から、もしくは後方から受ける状態を縦波状態と言い、このときの船体運動は縦運動と呼ばれる縦揺れと上下揺れが中心となる。横揺れと違って、復原力が非常に大きいため転覆する危険性はほとんどないが、船首が水面上まで飛び出した後、船底が水面を打って衝撃的な力を受けるスラミング、波が船首端を乗り越えて甲板上に上がる青波、船尾のプロペラが空中に露出して空転しエンジンを焼き付かせるプロペラレーシング、突然横揺れが発達して大傾斜するパラメトリック横揺れやブローチング等、海難事故につながる危険な運動である。また、縦運動が抵抗増加を誘起して、船速低下となりスケジュールが守れないといった運航経済性への悪影響もある。

写真4-5 縦波中で大きな縦運動をする船舶

写真4-6 船首を波に突っ込み大きなスプレーを上げながら航行する船舶（山口剛司撮影）

縦運動が、横揺れのような同調による大きな運動にまで発展することはまれで、これは縦揺れ、上下揺れともに減衰力が非常に大きいためである。
縦運動が顕著になるのは、波の波長（λ）が船の長さ（L）にほぼ近いとき、すなわちλ/Lが1に近いときで、波長がそれより短くなると、波が船長の中にいくつも入るようになって波からの力は小さくなり、逆に波長が船の長さより十分に長くなると、船は波に乗って静かに運動するようになる。日本近海では波の波長は150メートル程度までなので、それより十分長い250～300メートル以上の船長の大型船は波の中であまり揺れなくなる。

縦運動の低減

排水量型の船舶において、縦運動を制御することは、波からの浮力変動が強制力の大部分になっていることから難しい。また縦運動を無理に止めると、大きな波からの力が船体に働き、船を破壊しかねない。激しい縦揺れによるスラミングによって船首部を破断した大型船舶も少なくない。波の中で揺れ、波から受ける力を逃がすことで船体が破壊から免れているとも言えるからである。

横揺れ防止のためのフィンスタビライザーのような翼を船首または船尾の水面下に取り付けて減衰力を増加させ、縦揺れを減らそうという研究は古くから行われているが、一般的な船では実用化はされていない。

高速客船においては、激しい船体運動による旅客の怪我や船酔いを防ぐために、縦運動の低減対策が積極的に行われている。船型自体の工夫としては、船首を鋭くして波を切り裂くように走る波浪貫通型船型（ウェーブピアシング型）や細長船首船型、縦揺れ制御装置としては、船尾船底に取り付けたトリムタブやインターセプター、船首船底から下方に突き出したTフォイル等が開発されて実用に供されている。

写真4-7 縦揺れを減らすため船首を鋭く尖らせて波を貫通するように切り裂いて進む波浪貫通型双胴船

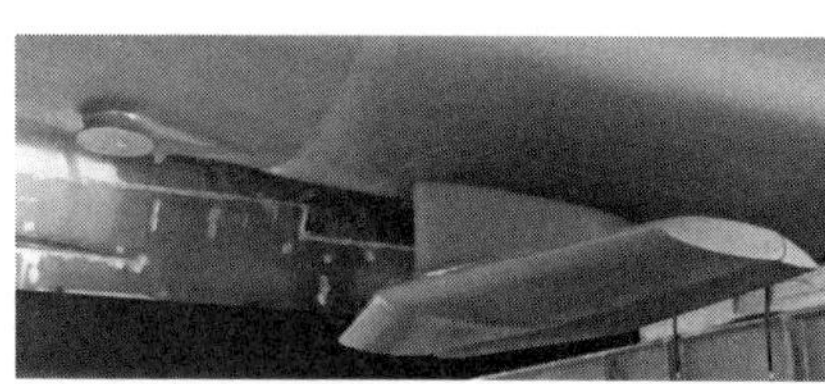
写真4-8 高速旅客船の船底に取り付けられたTフォイル

究極の揺れない船とは？

変動する波の上で揺れない船を考えることは不可能に近い。その究極の課題に挑戦したのが、アメリカのボーイング社が開発した全没翼型水中翼船であり、その商用艇がジェットフォイルである。水中翼で船体を完全に持ち上げることで、船体に働く波の力をなくし、船にとって最も大事なはずの復原力も捨てて、水面下の水中翼の揚力を制御することで船体姿勢を一定に保つ自動姿勢制御装置によって、波の中でも揺れないシステムを構築した。1974年に商用第一号が開発されているから、50年余りの歴史をもち、最新鋭船は2020年に川崎重工業でライセンス建造された東海汽船の「セブンアイランド結(ゆい)」である。かつては世界各国で活躍していたが、現在は日本の離島航路でのみ運航されている。

写真4-9　荒れた水面を安定して高速航行できる全没翼型水中翼船ジェットフォイル

危険な不安定振動

線形運動方程式では扱えない非線形性が起こす船体運動にも注目が集まっている。パラメトリック横揺れ、ブローチング、ポーポイジング、バウダイビング等の船体運動がそれにあたる。

パラメトリック横揺れは、正面もしくは後方から波を受けながら航行する船舶で、突然横揺れが起こり、それが大きく成長する現象で、主に追波中で危険になることが多い。大型のコンテナ船やPCCが洋上で大きなパラメトリック横揺れを起こして荷崩れが発生し、大傾斜状態になるという海難が起こっている。横揺れを起こす強制力がない縦波の中で、突然横揺れが発生して、それが大きな揺れにまで至る。この横揺れは、縦波の中で横復原力が周期的に変動することによる非線形の不安定振動が原因である。公園のブランコも、この不安定振動の原理を利用したもので、これと発生メカニズムは同じである。パラメトリック横揺れは、縦揺れの出会周期が、横揺れの固有周期の半分になったときに発生して、しだいに成長して大振幅横揺れに至る。一般に、波の中での運動は出会周期で揺れるが、横揺れだけがそれよりも2倍も長い固有周期で揺れるところに大きな特徴がある。復原力が波の中で変動する原因は、船首尾付近の断面形状が上下方向に大きく変化することによる。波面の上下することにより水線幅（水面位置での断面の幅）が変動し、復原力が、波が通過するたびに周期的に変動するのである。このパラメトリック横揺れを防ぐためには、横揺れ減衰力を増やすことや、実際に発生した場合には、船速を変化させて出会周期を変え、縦揺れ周

写真4-10　太平洋上で大きな横揺れを起こし、デッキ上の大量のコンテナが横倒しになり、約1800個のコンテナが流出した大型コンテナ船

期が横揺れ固有周期の2分の1になるという不安定横揺れの発生条件を外してやることが効果的である。

4-2 船の事故から命を守る——安全性

海難時の人命被害をなくするための安全法規

船の事故のことを海難と言う。船の事故としては、波・風・流れなどの自然の力によって船が損傷を受けたり転覆・沈没したりする場合、人為的なミスで衝突や座礁する場合、船内火災や機関故障で船の運航ができなくなる場合など、さまざまなケースがある。また、その被害も、船体自体、乗船者、積み荷とさまざまである。

船にとっての最大の危険性は、水の上に浮いているための浮力を失うと沈没してしまうことである。このため、船には独特の安全対策がとられている。とくに、衝突や座礁における多少の損傷に対しては船が転覆したり沈没したりしないようにするための工夫がなされ、さらに船が沈没する状態になれば、人命を失わないための各種の救命設備が用意されており、これらは国際法規で厳格な要件が課されている。国際航路に就航する船舶については、国際海事機関（ＩＭＯ）が定めた「海上における人命の安全のための国際条約」があり、英語の条約名の頭文字をとってSOLAS条約と呼ばれている。

IMOは国連の専門機関の一つであり、ロンドンに本部をもっている。1912年に北大西洋で氷山に衝突して沈没し、1500名余りの犠牲者を出したイギリスの客船「タイタニック」の海難を契機に、海難による人命の損失を減らす目的で、船の安全性を担保するための国際条約を制定する動きが起こり、その後SOLAS条約として1914年に締結された。政府間海事協議機関（IMCO）が設立されたのは1958年で、1982年に国際海事機関（IMO）と改称した。2021年の時点で174の国・地域が加盟しており、毎年国際条約の作成・改正の作業が行われている。船舶自体の安全性を担保する海上人命安全条約（SOLAS）、国際満載喫水線条約（LL）をはじめとして、海上における衝突の予防のための国際規則に関する条約（COLREG）、海洋航行の安全に対する不法な行為の防止に関する条約（SUA）、船舶による汚染の防止のための国際条約（MARPOL）などの国際規則がある。

写真4-11 ロンドンにある国際海事機関（IMO）の会議場。ここで船に関する国際規則が審議される。

写真4-12　狭水道での航行では右側通行が原則だ。写真は関門海峡を右側通行で通過する船舶。

基本的な航法

船舶は、広い海上で基本的にはどこを走ってもよいが、他船との衝突を防ぐため、いくつかの基本的な航法が決まっている。我が国の法律としては海上衝突予防法、海上交通安全法、港湾法の3つがある。海上衝突予防法は世界共通のルールであり、海上交通安全法は、国内では船舶交通が輻輳（ふくそう）している東京湾、伊勢湾、瀬戸内海において定められたもので国際ルールではない。さらに港湾法は、それぞれの港によって異なるので、入港時には、その港にどのような規制があるかをあらかじめ知っておく必要がある。そのため必要な場合には、各港の水先人（パイロット）の助言を受けて操船することになる。

狭水道では右側航行が義務付けられており、一部の狭水道では速度制限、追い越し禁止等の規則がある。真正面から出会う場合には、それぞれ右に舵を切って右側航行の状態ですれ違う必要がある。

角度をもって出会う場合には、相手船を右に見る船は、相手船の進路を妨害せずに、避けて航行しなくてはならない。見合いになり衝突の可能性のある場合には、相手船の後ろを通るように舵をとる、もしくは速度を落としてやり過ごす。これを避航操船と言う。

夜間であれば、避けるべき船の左舷に設置した赤の舷灯が見えるので、道路の赤信号と同じで、赤い舷灯が見えれば相手船に注意して避ける必要がある。一方、緑色の舷灯が見えて、自船が権利船である場合には、むやみに針路を変えずに直進することが義務付けられている。

後方から追い越す場合には、どちら側を追い越してもよいことになっているが、十分に間隔をとって追い越し、かつ追い越した船の進路を妨害しないことが義務付けられている。

座礁時の沈没を防ぐ二重底

最も起こりやすいのが、暗礁に乗り上げてしまう座礁事故である。海底が砂の場合には座洲（ざす）と言い、船底が壊れずに満潮時に移動ができたり、荷物を軽くして船体を浮きあげて移動できたりする。

岩礁に座礁して船底に穴が開いても、浸水を局所的に留めて沈没をさせないのが二重底で、船底外板と船底内板の上下に平行な2枚の板からなる。二重底の内部には縦横に骨材が張り巡らされており、一定の間隔で水密壁も入れられている。この二重底は元々、座礁で船底板に穴が開いても沈没しないための工夫である。かつては、液体貨物を積むタンカーなどは二重底のない単底であったが、大型タンカーでの座礁事故で油が流出する事故が相次いだため、タンカーにも二重底が義務付けられ、さらに側面も二重とする二重船殻（ダブルハル）も義務付けられるようになった。

写真4-13　建造中の超大型コンテナ船の断面では船底に二重底が設けられていることがわかる。

衝突時の沈没を防ぐ水密区画

船舶同士の衝突などで、側面に穴が開いた場合の沈没を防ぐのが前後を水密隔壁で仕切った船内空間で、水密区画と呼ばれている。この水密区画は貨物船であれば貨物艙や機関室として、客船の場合には客室、倉庫、機関室などとして使われている。水密区画の大きさは、国際または国内規則で決められており、要求される安全性を保つように設計される。

この水密区画の大きさを決める規則は、船舶区画規程と呼ばれ、「タイタニック」の海難を契機として国際規則として制定された。ちなみに約4万6000総トンで全長269メートルの同船は、15枚の水密隔壁によって16の水密区画に分けられていた。

船の衝突では、衝突船の船首が相手船の船側にぶつかる場合が多い。そのため、衝突時の船首の浸水を防ぐために、船首には衝突隔壁と呼ばれる隔壁が設けられており、船首隔壁とも呼ばれている。この隔壁は衝突エネルギーを吸収できる頑丈な構造で、原則として、船首から船の長さの5〜8％の位置に設けることが義務付けられている。

不沈船はできるか

よく不沈戦艦とか不沈客船という言葉を耳にする。これは、ちょっとやそっとの事故では沈まない最強の船という意味で使っていて、かならずしも絶対に沈まないという意味ではない。不沈艦と呼ばれた戦艦「大和」は第二次世界大戦末期の沖縄戦で空爆により沈んだし、戦後まで生き残った戦艦「長門」は不沈戦艦と呼ばれたが、アメリカ軍の原爆の海上実験で海中に没した。また、不沈客船との呼び声の高かった「タイタニック」が処女航海で氷山に接触して沈没したことは、なんとも皮肉な結果である。このように想定以上の規模の損傷を受けて浸水が起これば、ほとんどの船は沈む。

しかし、絶対に沈まない不沈船ができないわけではない。船内に水が浸入しても、船の重さ以上の浮力が残っていれば沈まない。小型のヨットやカヌーなどでは、転覆して船内に水が入ることを「沈（ちん）」と呼ぶが、船体は沈むことはなく、排水すれば再び正立させることができて、その上に乗ることが可能だ。これは船の一部が完全水密な区画になっていて、中に空気が閉じ込められているためだ。

この水密な区画に、発泡ウレタンのような軽い素材を充填して、たとえこの区画に穴が開いて浸水しても浮力が失われないようにすると、正真正銘の「不沈」となる。大型船に搭載される救命艇の中には、このようにして不沈化をした小型船もある。

写真4-14　大型貨物船に搭載されている投下式救命艇は不沈化されている場合が多い

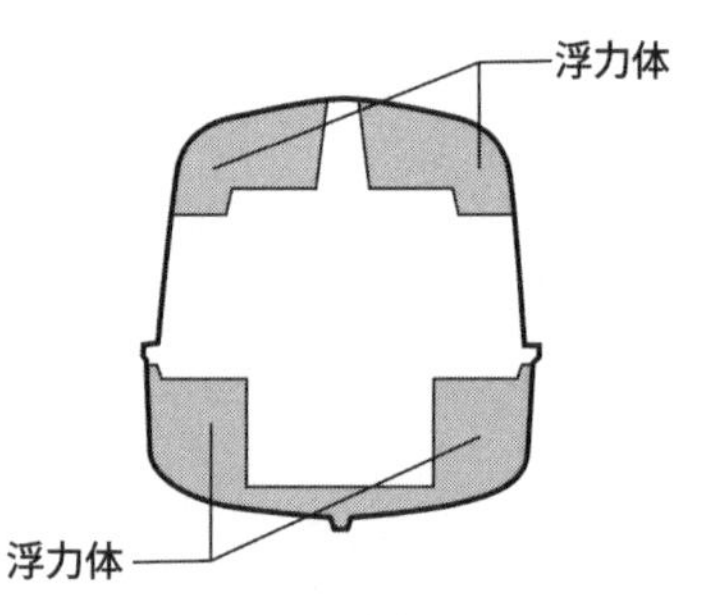

図4-3　浮力体を空所に充填して不沈化した救命艇の断面。図2-16を再掲

２０２２年4月、知床の観光船「ＫＡＺＵＩ」が沈没して乗客・乗員20名が命を落とし、６名が行方不明（２０２３年5月現在）となったが、この場合には海水が冷たく、救命胴衣を装着して海上に脱出しても寒さで命を落としただろうと言われている。同船は19総トンという小型船であり、救命艇や救命いかだの搭載が難しい船なので、このような寒冷地で運航する場合には、船体自体を不沈化させておくことも一策である。

写真4-15 横腹に衝突されて傾斜して転覆・沈没したイタリア客船「アンドレアドリア」

衝突に耐える性能

横から衝突された船は、船側に開いた穴から浸水が始まり、船体は沈下していく。このときに衝突船がすぐに後進して船を離してしまうと破孔が広がって浸水がさらに進むこともある。このため、両船の損傷状況、浸水状況が把握できるまでは衝突船は船首が抜けないようにゆっくりと押し続けている必要がある。

かつて横からの衝突で転覆してしまった客船があった。それがイタリア客船「アンドレアドリア」で、１９５６年夏に大西洋上でスウェーデン客船「ストックホルム」に衝突されて右舷に穴が開いた。衝突後ストックホルムの三等航海士が全速後進を指示したため、この衝突した2隻は離れてしまい、浸水が一気に進み、横傾斜角は20度を超えた。そして衝突の約11時間後、「アンドレアドリア」は転覆して沈没した。この横傾斜の原因は、同船内部の区画が、縦方向の隔壁により左右に分かれていたことにあると判明し、この事故を契機に、水密区画の規則には、浸水による沈没だけでなく、横傾斜による転覆に対する要件も付け加えられるようになった。

このように区画規程には復原性に関連する要件も含まれるようになり、船舶区画規程のことは、船舶設計者の間では損傷時復原性規則またはダメージ・スタビリティと呼ぶのが一般的になった。

ブレーキのない船

陸上の輸送機関には、速度を落としたり、止まったりするためのブレーキがあるが、船にはない。船を止めるには、推進器を止めて惰性で走り続けて、抵抗によってエネルギーが消費されて止まるまで待つか、スクリュープロペラを逆転させて止めるかしかない。スクリュープロペラを逆転させた場合には、船はコントロールを失って真っすぐには走らずに大きく横にぶれてしまうので、座礁や他船との衝突の危険性が生ずる。大型船では、逆転しても止まるまでに数キロメートルも前進してしまい、それと同じほど横にぶれてしまうこともある。

最近、一部の舵では、舵を直角に広げて抵抗を増してブレーキをかけることができるものもでてきたが、まだ一般的ではない。なお高速船に搭載されるウォータージェットでは逆噴射をしてブレーキをかけることができる。ただし、いずれも特殊な場合であって、基本的には船にはブレーキがないと考えてよい。このため、とくに大型船の操縦には、高度な訓練と熟練が必要となる。

ヒューマンエラーを防ぐ

海難の80%以上が、船員の不注意、すなわちヒューマンエラーに起因していることがわかっている。居眠り、見張り不十分、航法を守らなかったこと、誤操作などによる事故である。

このヒューマンエラーを防ぐ技術開発も進んでいる。レーダーによる他船の情報から、衝突の可能性を予測して、船員に危険を知らせるのが自動レーダー衝突予防援助装置ＡＲＰＡである。1980年代には実用化され、2008年からは1万総トン以上の船への搭載が義務付けられている。

また、船舶自動識別装置ＡＩＳの搭載も小型船を除いて義務付けられている。これは洋上を航行する船同士がお互いの航海情報を自動的に交換して、衝突などの海難を防ぐためのもので、つねに自船の情報を人工衛星を介して他船に自動発信している。今では、このＡＩＳ情報は陸上においても受信が可能であり、スマートフォンを使って世界中の船舶の動静がわかるようになっている。

海底の地図とも言える海図は、座礁を防ぐ大事な情報であり、大型船舶のブリッジには紙の海図が置かれて、つねに航海士が危険を確認しているが、これが電子化され、さらにレーダー画面とも一体化された電子海図表示情報システムＥＣＤＩＳとなっており、その搭載が義務付けられている。

このように各種の航海支援装置が開発されているが、それでもヒューマンエラーは完全にはなくならない。そこで、自動車の衝突予防装置や自動運転装置と同様に、人間がミスをしても、それを機械的にカバーして安全に航行するシステムの開発も進んでいる。

4-3 船をあやつる仕組み——操縦性

船の針路を変える舵

船の進行方向すなわち針路を変えるのが舵である。針路とは船の進む方向を指し、羅針盤の針の方向という意味で、船だけでなく航空機の場合にも使う言葉である。舵は船尾に取り付けられた平板状の装置で、これを流れの中で斜めにすることによって、船の進行方向と直角に揚力を生じさせて、船を回転させる回頭モーメントを発生させる。このように舵を回転させて船を曲げることを「舵を切る」と言う。この言葉は、本来の船の針路を変えるという意味だけでなく、社会のいろいろな場面で行く方向等を変えるという意味で広く使われている。

舵は、船の針路を変えるときだけでなく、真っすぐに走らせるためにも重要な道具であることを忘れてはならない。それは、実際の海上では、流れや風そして波の影響を受けて船は真っすぐには進まないためである。これを修正するためにつねに舵を切るが、これを当て舵と言う。当て舵をすると、舵には抗力も働き、船の抵抗が増える。すなわち、当て舵をできるだけ小さくすると、船の性能がよくなる。

船が広い水域にでると、船員は舵から手を放し、オートパイロット（自動操舵装置）によって、指示された一定の方位角で走るが、このときにはオートパイロット装置はつねに舵を自動的に切りながら一定の針路を維持している。

なぜ舵は船尾にあるのか

かつて、帆船時代の初期には、舵は船の右舷の中央付近に取り付けられていた。それが船尾端にヒンジなどで取り付けられるようになり、さらにスクリュープロペラが推進器として使われるようになると、スクリュープロペラの後ろに舵が取り付けられるようになった。舵が船の最後尾に取り付けられる理由の一つが、舵に働く揚力が最も効果的に回頭モーメントを発生させることにある。船が回頭するときの中心からの距離が長いほどモーメントレバーが大きくなって回頭モーメントが大きくなる。ただし、この場合には船首に舵をおいても回頭モーメントのモーメントレバーは同様に大きいのでよいこととなる。

写真4-16 江戸時代の日本の沿岸航路帆船の舵は、船の大きさに比べて巨大だった。

舵が船尾にあるのには、もう一つの理由があり、それが舵に流れ込む流速の違いである。舵を切ると、舵に流入する流れは迎え角をもって斜めに入るようになり、流れと直角方向に揚力が働く。この揚力は、迎え角にほぼ比例し、流入速度の2乗に比例して大きくなる。スクリュープロペラの背後は、船の前進速度に加えてスクリュープロペラが発生させる流れが加わって、船体の周りで最も速い流れがあるため、揚力が大きくなり、舵効きがよくなるのである。さらに船が止まって舵に当たる相対流速がないときにも、スクリュープロペラを回転させると舵に流れが当たり、船尾に横方向の力が働く。すなわち、止まっている状態、そして低速状態での舵効きをよくすることができるのが、スクリュープロペラがつくる流れなのである。このため、写真4－16に示す帆船の舵に比べると、最近のスクリュープロペラ船の舵は図4－4に示すように小さい。

写真4-17 スクリュープロペラの背後に舵を配置することによって、舵に働く揚力を大きくできる。

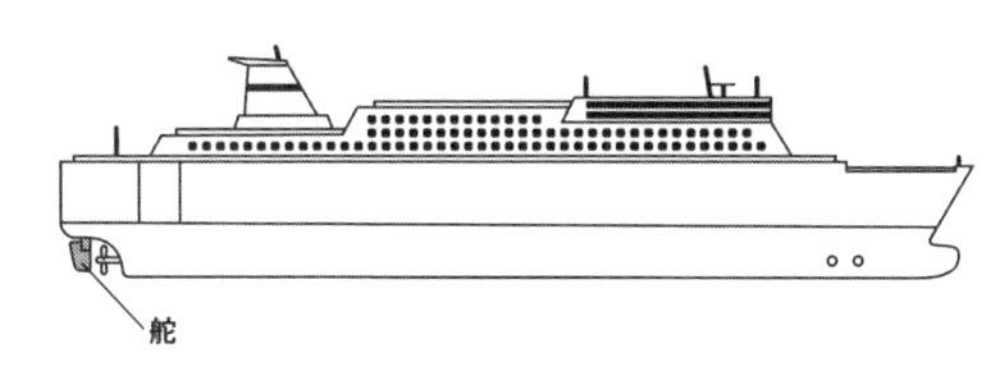

図4-4 大型船の舵は、船体の大きさに比べると小さい。

単板舵と複合舵

一部の小型船の舵は、1枚の平板からなり単板舵と呼ばれるが、ほとんどの船の舵は左右対称の流線形断面形状をもち、骨材の周りに外板を張った複合舵である。

舵は一種の翼なので、流線形対称翼の揚力についてみてみよう。まず、船の舵性能に直結する揚力は、翼の縦と横の比、すなわちアスペクト比（縦横比）によって大きく異なる。アスペクト比の大きい翼とは飛行機の翼のように細長い形状で、揚力は大きく、抗力は小さいという特性をもつ。アスペクト比の違いによる揚力係数（揚力を1／2×密度×速度の2乗×代表面積で割った数字）の

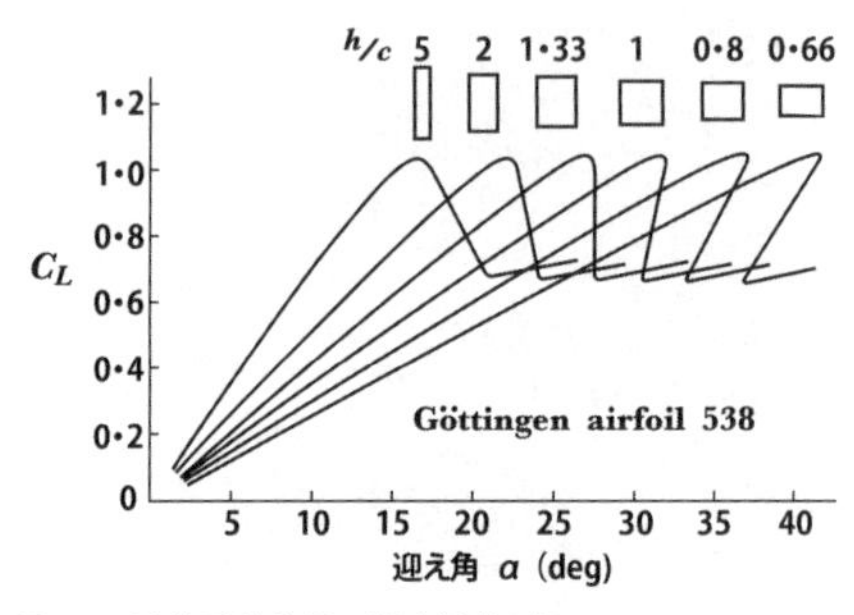

図4-5　流線形対称翼の揚力係数が及ぼすアスペクト比の影響（関西造船協会編『造船設計便覧　第4版』海文堂書店を参考に作図）

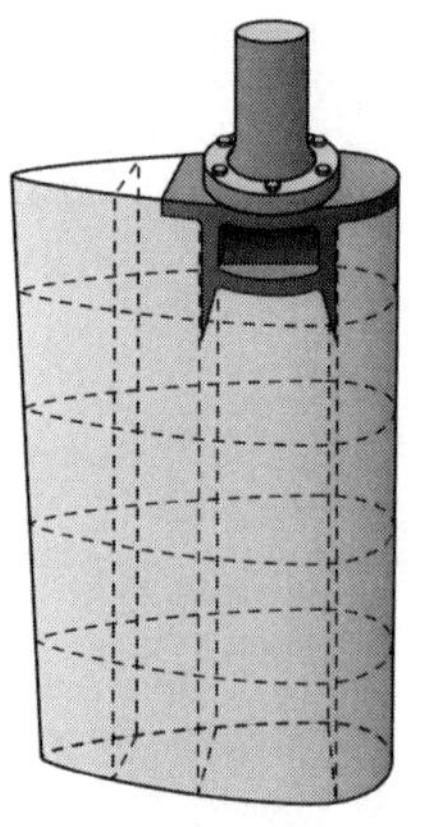

図4-6　流線形の断面をもつ複合舵。舵の中は空洞で、強度を保つための骨が取り付けられている。

違いを図4－5に示す。この図から、迎え角が増加するに従い揚力が増加するが、アスペクト比が大きいほど増加する度合いは大きくなり、一方、揚力の増加が止まって減少する失速角の角度は小さくなることがわかる。失速とは、翼の周りの流れが剝離して揚力が一気に減少する現象である。一般に船の舵はアスペクト比が1～1・5程度なので、迎え角が25～30度で失速する。舵は失速しない角度で使うほうが効率がよいので一般的な船の舵は35度までに制限されている。

写真4-18 舵を大きく切って旋回試験を行う大型コンテナ船。船の舵効きには、舵だけでなく、船体に働く揚力も寄与をしている。（今治造船提供）

船体の形状も影響する舵効き

船を曲げるのは、舵の力だけではなく、船体自体も大きな影響力をもっている。

まず舵を切ると、船尾にある舵に横向きの力が働き、船には回頭するモーメントが働く。この結果、船体自体が斜めになって進むことになり、これを斜航と言う。斜航すると、船体自体が流れに対して迎え角をもつことになる。このため船体にも舵と同様の揚力が

写真4-19　旋回時に傾く船舶（上：外方傾斜、下：内方傾斜）

働き、それが船体の回頭運動を加速するようになる。このように船の針路変更には、舵だけでなく船体形状、さらに船体の重さも影響することがわかっている。斜航する船体に働く揚力および回頭モーメントは、下流側の船底から流出する3次元渦に起因し、これまでは模型実験またはそれに基づく経験式に頼って推定していた。しかし、最近のコンピュータを使った数値流体力学（ＣＦＤ）によって理論的に求めることも可能となっている。

舵を切ると傾く

針路を変えるために舵を切ると、舵に働く揚力によって船は傾く。最初は旋回円に対して内側に傾き、旋回が進むと反対に外側に傾くようになる。前者を内方傾斜、後者を外方傾斜と呼ぶ。内方傾斜を生む原因は舵に働く揚力であり、外方傾斜の原因は、船体自体が回転運動をすることによる遠心力と水面下船体に働く旋回円の内方向の流体力にある。とくに高速で急旋回すると、復原力の小さい船は大きく横に傾き、乗客の転倒や貨物の荷崩れが起きる可能性があり危険である。

また、舵効きをよくするために、過剰に舵面積を大きくしたり、舵を切る角度を大きくしても、船体が傾いて危険である。

急には止まれない船

緊急時に船を止めることはなかなか大変である。自動車などのブレーキにあたるものがなく、緊急時にはエンジンを止め、推進器を逆転させて止める必要がある。これをクラッシュ・アスターンと言う。ただし、可変ピッチプロペラでは翼角を変えることで、またウォータージェットの場合には逆噴射させることで推力を後進に切り替えることができる。

スクリュープロペラの場合には、逆転させると舵に流れが入らなくなり、舵が効かずに、船の針路が大きく変わる。客船「タイタニック」の海難では、氷山を目の前にしてスクリュープロペラを逆転させて船を減速させようとしたものの、舵が効かなくなり氷山を避けることができなかったのが衝突の一因だったとも言われている。

図4－7は、23万載貨重量トンのタンカーがクラッシュ・アスターンをして緊急停止したときの航跡を示す。止まるまでに14分40秒かかり、前進方向に約1.9キロメートル進み、横方向に

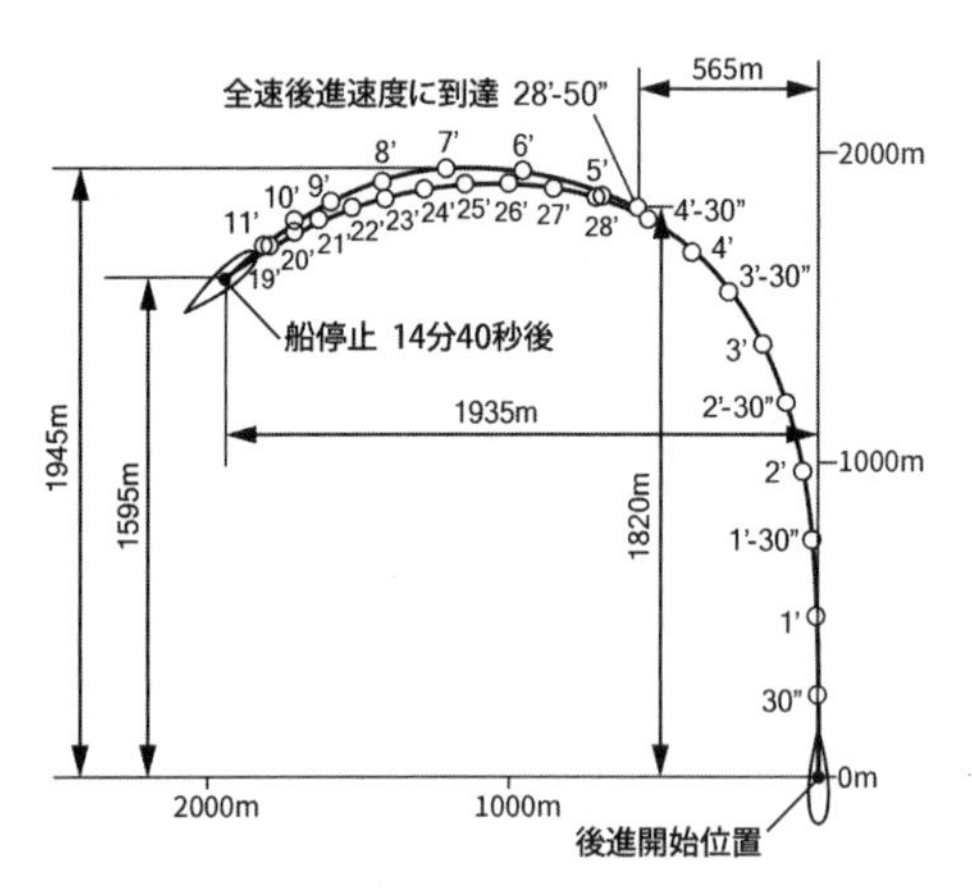

図4-7 23万載貨重量トンのタンカーのクラッシュ・アスターン時の船の航跡(宇田川達著『操船のしくみ』「応用機械工学」を参考に作図)

も約1・9キロメートルも外れていることがわかる。この緊急時の停止距離は、大型化するほど長くなり、全長320メートルの大型タンカー(VLCC)では4キロメートル余りにもなる。

一方、逆噴射にして推力をブレーキとして使うことのできるウォータージェット推進器の場合には、後進にしてもノズルの方向を動かすと方向の制御が可能となり、112メートル級の高速カーフェリー「ナッチャンRera」の場合で停止距離は721メートル、船長の6倍余りで、左右にもあまりぶれずに止まることができる。

高揚力舵とは

舵効きをよくするためには、舵面積を増やせばよいが、舵は大きく重くなり、抵抗の増加にもなるので好ましくない。そこで、舵の揚力を増やしたさまざまな高揚力舵が開発されている。

舵の後端に可動式のフラップを取り付けたフラップ舵は揚力を2倍以上に増加させる優れもの

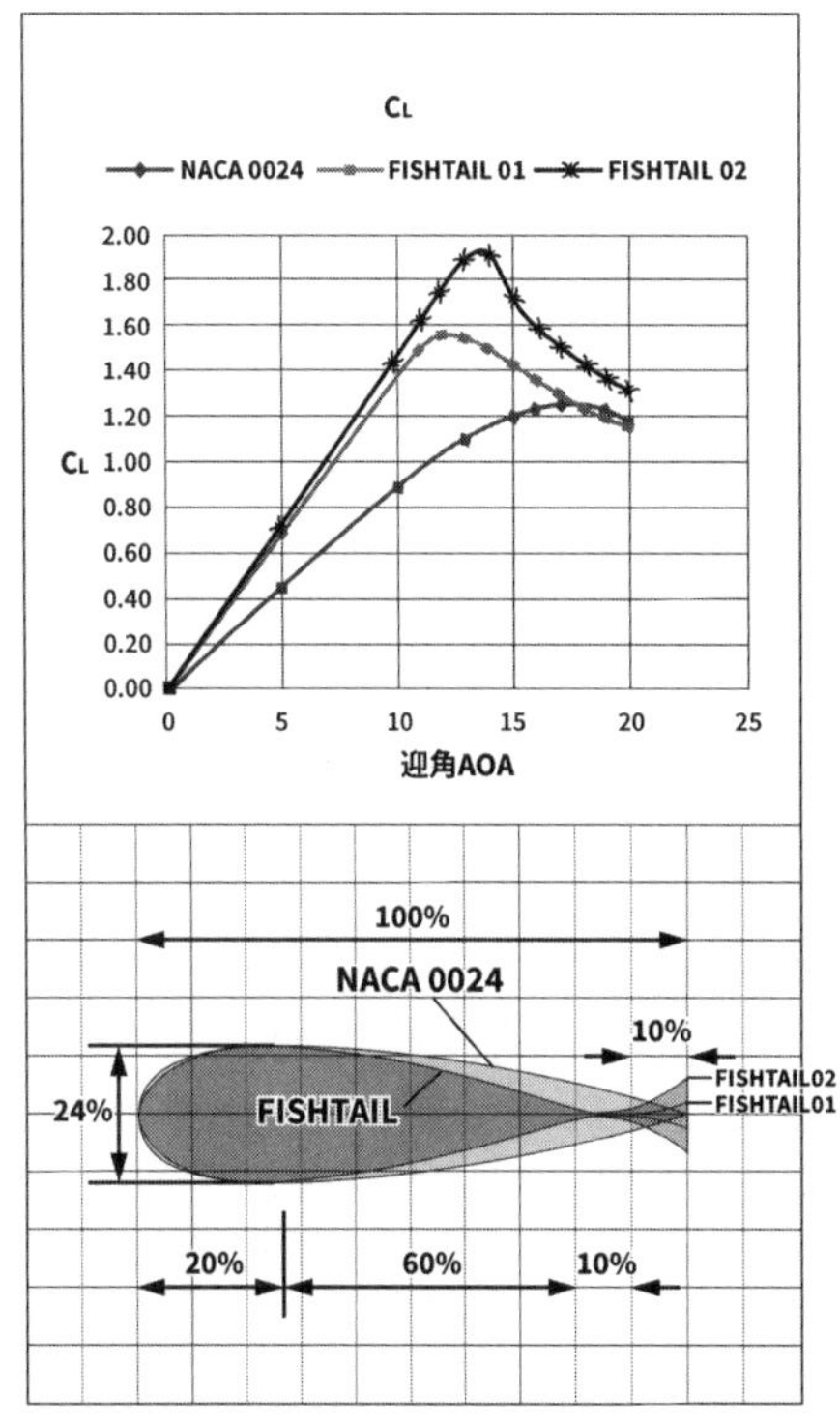

図4-8　フィッシュテール舵の揚力係数。一般的な流線形対称翼NACA0024に比べて揚力が大きいことがわかる。（大阪府立大学でのCFD計算結果）

で、ベッカーラダーなどの商品名で多くの大型船に取り付けられている。

また後端が魚の尾びれのような形をしたフィッシュテール舵もしくはシリング舵もよく知られており、さまざまな大きさのテールに対する揚力係数をCFDで計算した結果（図4－8）によれば、揚力は6～7割増加する。ただし、抗力が流線形対称翼に比べると増加する点には注意が必要である。

他にも2枚のシリング舵を並べたベクツイン舵、プロペラの外側に舵を並べたゲート舵なども開発されて、頻繁に出入港を繰り返す船舶には使われるようになっている。

船の操縦性能

船の操縦性がよいとはどのようなことを言うのだろうか。曲がりやすい船と、真っすぐに走れる船ではどちらが操縦しやすいであろうか。曲がりやすさは旋回性能、真っすぐに走る性能は保針性能または針路安定性能と呼ばれ、まったく相反する性能だが、船の操縦においてはいずれも大事な性能である。すなわち、この二つの性能のバランスで使いやすい船が決まると言っても過言ではない。

旋回性能は、舵を最大限に切ったときに、船の軌跡が描く旋回円の大きさで評価される。直進する船舶が大きく舵を切ると、図4－9に示すように船は舵に働く揚力によって旋回円の外側方向に少しはみだす。これをキックと呼ぶ。とくに船尾端が横にシフトするので操船上の注意が必要となる。この後、船は回頭しながら針路を変え、旋回運動に移る。操舵前の針路方向の最大進出距離を最大縦距または最大アドバーンスと言い、１８０度針路が変わって、横に最大限離れた距離を最大旋回圏または最大タクティカル・ダイアメタと言う。これが、船が旋回するときに必要となる水面の広さになる。この旋回航跡は、右回りと左回りで若干ちがってくることもあり、船のブリッジには、写真4－20に示すような試運転時の旋回試験の結果が掲げられている。この結果から、航海士は船をＵターンさせるのに、前方に何キロメートル、横に何キロメートルの水域が必要となるかを知ることができる。

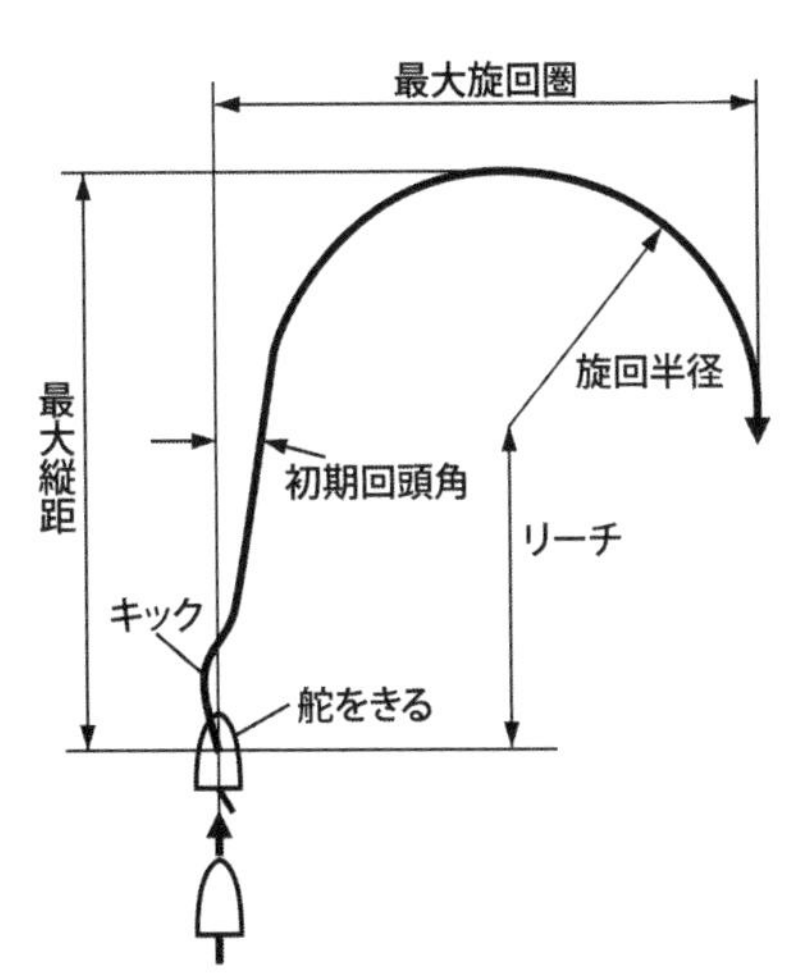

図4-9 旋回試験で得られる航跡(池田良穂著『図解 船の科学』講談社ブルーバックスを参考に作図)

一方、針路安定性とは、多少の外乱があっても船が真っすぐに進むことができる性能である。多少の針路不安定性が

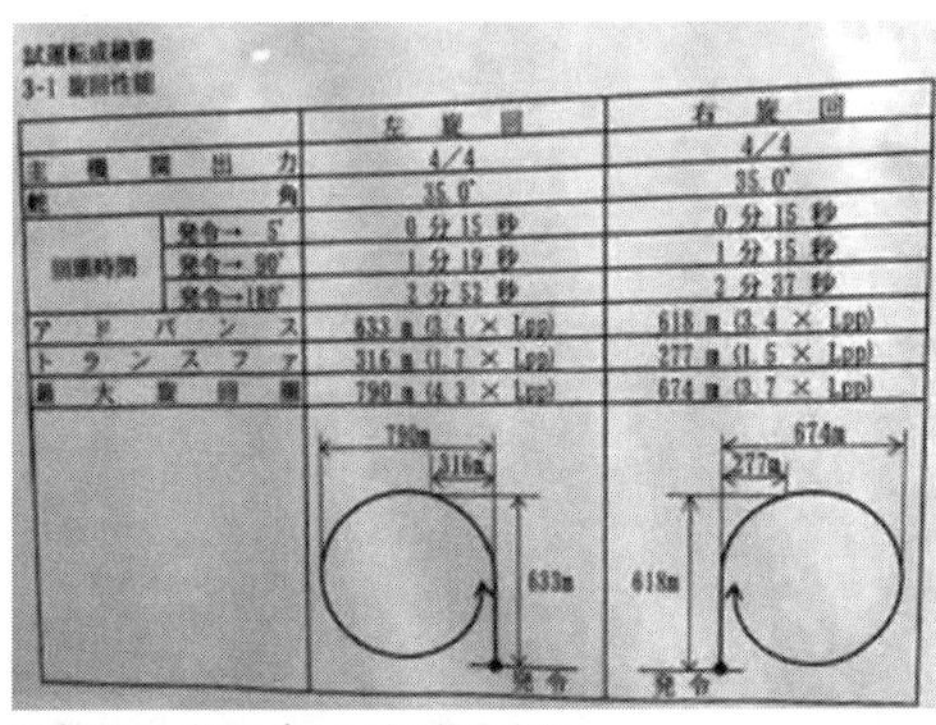

		左旋回	右旋回
主機関出力		4/4	4/4
舵角		35.0°	35.0°
回頭時間	発令→5°	0分15秒	0分15秒
	発令→90°	1分19秒	1分15秒
	発令→180°	2分53秒	2分37秒
アドバンス		633 m (3.4 × Lpp)	618 m (3.4 × Lpp)
トランスファ		316 m (1.7 × Lpp)	277 m (1.5 × Lpp)
最大旋回径		790 m (4.3 × Lpp)	674 m (3.7 × Lpp)

写真4-20　船のブリッジに掲示されている旋回試験の結果

あっても、舵で修正することで真っすぐに走ることはできるが、つねに舵で修正しなくてはならず、当て舵による抵抗の増加も生じて好ましくない。巨大なタンカーが建造された時代には、船尾部が肥大化した結果、船尾の流れが剥離して乱れて針路不安定になる船が続出し、日本国内で産学官の力を結集した研究が行われ、こうした肥大船において針路不安定性をできるだけ解消する技術が開発された。

離着岸操船のためのサイドスラスター

船は真っすぐ前に走る性能を重視して、船型も推進器も決められているので、左右方向へ動くことは得意ではない。そのため港で岸壁に着くときや、岸壁から離れるときには、タグボートの支援を受けて横移動することが多い。小型船では、船首を岸壁に近づけてロープで結んだあと、スクリュープロペラと舵を巧みに使って岸壁に横付けさせることもあるが、強風時などにはタグボートの支援を受ける。

離着岸時の船の横移動のために使われるのが、水面下の船体に横方向のトンネルを開けて、その中に電動のスクリュープロペラを設置して横方向の推進力を発生させるサイドスラスターと呼ばれる装置である。幅の狭い船首または船尾に取り付けられることが多く、船首のものはバウスラスター、船尾のものはスターンスラスターと呼ばれる。船速が速くなると水を吸い込むことができなくなり、横方向の推力がだせなくなるので、低速航行時にのみ使われる。

写真4-21　世界最大級のクルーズ客船のバウスラスター

これらのスラスターは、洋上停泊時に船の位置と姿勢を一定に保つためのダイナミック・ポジショニングなどにも効果を発揮する。

また小型船用に、船内に格納して使用時に船底から降ろすタイプのものや、船底に設置した平たい装置で、ポンプで水流をつくって推力を発生させるものなども開発されている。

第5章
船の役割

5-1 船を造る——造船の役割

船をデザインする

デザインと言うと一般には形や色などの意匠デザインをイメージする人が多いが、造船の世界では設計のことを指す。船の設計は、基本設計と詳細設計に分かれ、基本設計では船主の求める船の形を決めて建造価格（船価）を算出し、詳細設計では建造するためのあらゆる設計図面を作成する。

基本設計では、船の内部の配置を図面にした一般配置図（GA：ジェネラル・アレンジメント）、船殻（せんこく）の外側の形状を表す線図（ラインズ）などを描き、船主が求める性能を満足させられるか、該当する規則に合っているか等について詳細に検討する。このときに大事なのが、エンジンの出力の値だ。出力がちがうとエンジンの大きさも、値段もちがってくる。このためには、設計した船型の抵抗や推進性能が必要となるが、そのときに使われるのが、試験水槽での模型実験だ。設計された船の縮尺模型を製作し、細長い試験水槽で曳航または自航させて必要なエンジン馬力を決定する。また、場合によっては波を起こせる耐航性水槽で波の中での性能や船型のチェックを行う。

こうして、基本設計が固まると建造にかかる費用を見積もる。この船価見積もりは、材料費、加工費、艤装品の購入費などのさまざまなコストを積み上げて計算されるが、世界中の造船所が単一マーケットで競い合っており、船主の建造意欲、投機筋の動向などが絡み合って最終的な船

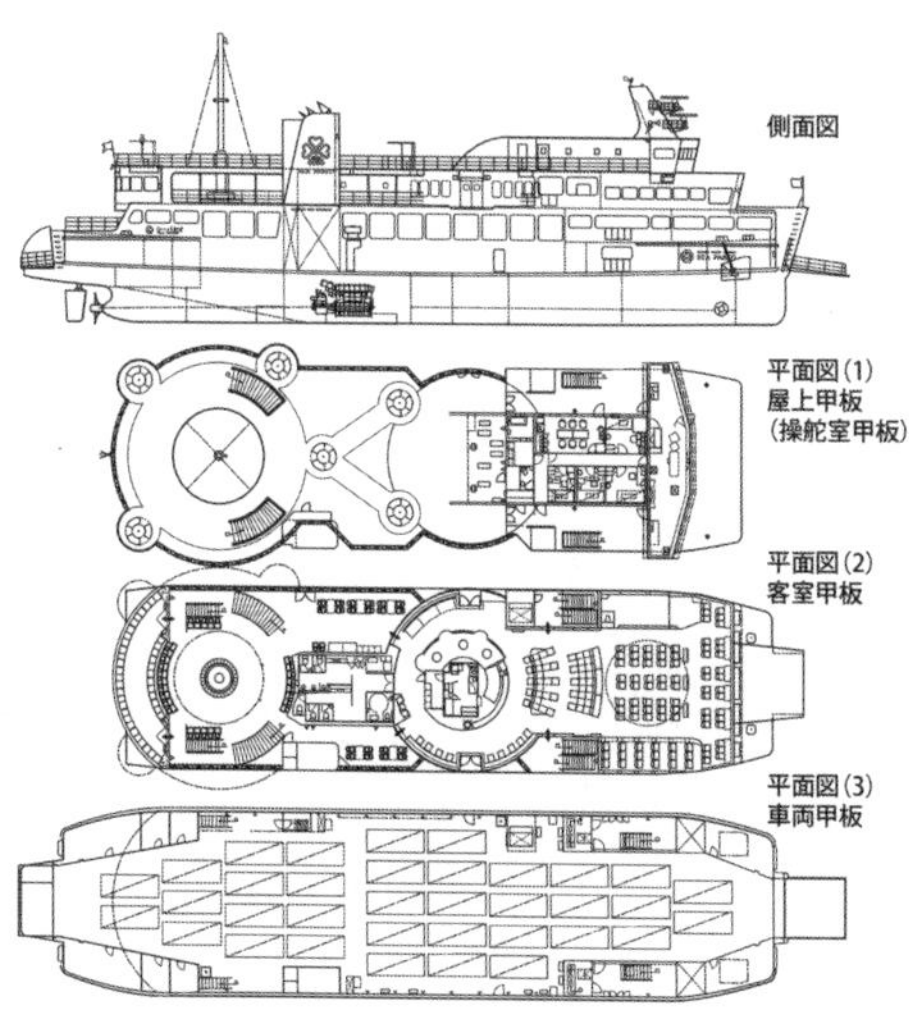

図5-1　カーフェリー「シーパセオ」の一般配置図

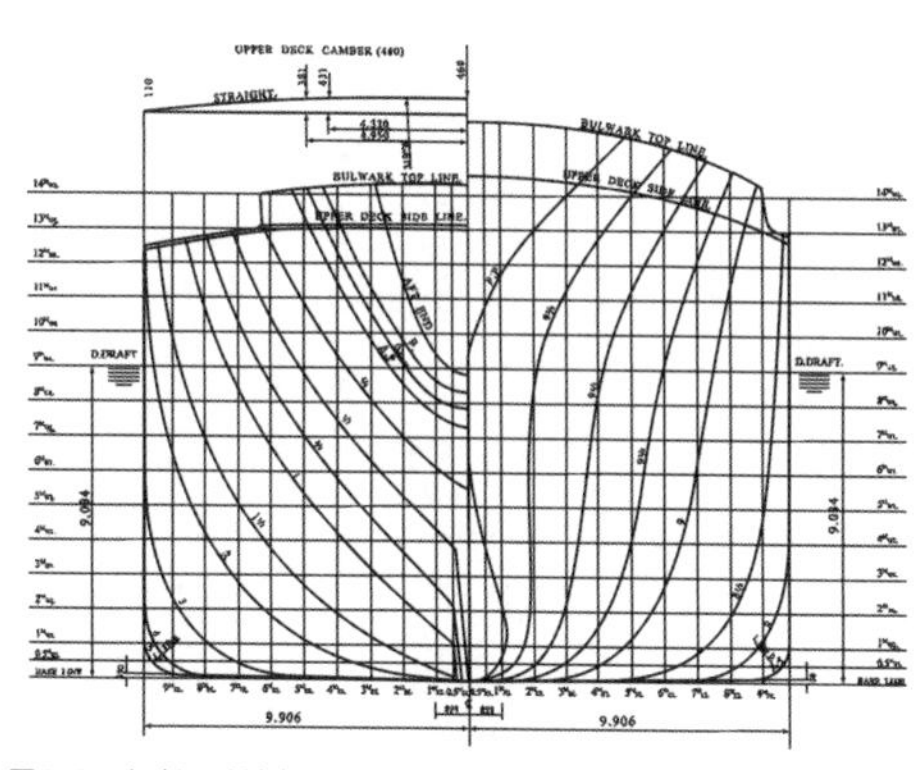

図5-2　船殻の外側の形を表す線図

価がはじかれることとなる。

造船所の提案する設計および船価が、船主に受け入れられればいよいよ契約となる。

建造契約が結ばれると、造船所では詳細設計が行われる。これは、基本設計で行われた船舶性能やタンクの容積、復原性、重量重心の推定などの確認をし、船体強度や振動特性を検討して構造詳細図にまとめ、これらに基づき、船体および内部を実際に造るときに必要なあらゆる図面を作成して、建造現場に提供する作業である。数十万~数百万におよぶ部材・部品からなる船を造るには膨大な数の図面が必要となる。さまざまな艤装品を取り付けるための穴開けの指示も必要となる。艤装品の詳細配置設計、数キロメートルにもわたるパイプや電線の系統図や取付配置図、居住区などの内装品の配置図、塗装設計、機関艤装設計などが行われる。

続いて、実際に建造するときの生産計画が行われる。設計された船を、造船所のクレーン能力等を考慮に入れて最適なブロックに分割し、その船台・ドックへの搭載順序を決めて、ブロックの製造の順番と、作業日程を計画していく。

船を造る

水に浮かぶ船は、陸上で造られてから水上に移動させて浮かべる。

船は海岸のわずかに傾斜した坂状の場所で造って、滑らせて水に浮かべる。この場所を船台、英語ではスリップウェイと呼んでいる。船台の上で大きく重い船体が建造されるので、地盤の基礎固めをしっかりとし、コンクリートで頑強に建築される。この船台の上に、多数の盤木と呼ばれる支えが設置され、その上で船体が建造される。かつては陸上のビル建設と同様に、船体の底部から上へと順に建造されていたが、現在は水平面上で製造されたブロックをクレーンで船台上に搭載して、溶接で接合して船殻を造り上げるブロック建造法が取り入れられており、一つの船台上で年間10隻余りもの船が建造できるようになった。

進水させるときには、盤木を取り払い、船台上の２本の進水台に船体を載せる。船台には20分の１程度の傾斜がついているので、船に働く重力で船体は滑り降りる。

進水台は船と一緒に進水する滑走台と、船台に固定されている固定台からなり、その間に多数の鋼製のボールが配置されている。船はトリガーと呼ばれる装置で、滑り降りるのを阻止されており、進水式が始まって、命名され、支綱（しこう）切断の儀式が終わると、トリガーが外されて海面へと滑り降りる。支綱とは、船を支えていた綱を意味しており、かつては滑り降りる船体を綱が支えていたが、現在では機械的にトリガーを外すこととなる。進水式の会場で船主代表が大きな斧で支綱を切断すると同時に、機械的にトリガーが解除されて、船体重量による重力で船は船台上を滑り始める。大型船になると大きなビルほどの大きさの船体がトリガー一つで進水台に支えられているので、船を造る造船技術者にとっては緊張の瞬間である。かつては、進水式が始まる前に勝手に滑り始めた船や、支綱切断が終わってもびくともしない船があったりしたという。現在では摩擦力を低減して滑らせるために鋼製のボールを使うボール進水が一般的になっているが、かつては滑らせるために油を使った進水が行われており、ヘット進水と呼ばれていた。ヘット進水では、温度によって油の摩擦力が変化するため、進水作業はなかなか大変なことだった。

船台建造の船の進水式は、船主をはじめとして多くの来賓があり、華やかであり、船が海面に

写真5-1　三菱重工神戸造船所の船台の上ではクルーズ客船「ふじ丸」が建造されている。移動式クレーンのレールは水平なので、船が建造される船台がわずかに傾斜していることがわかる。

写真5-2　船尾側から見た船台。船体が２本の進水台に載っていることがわかる。

写真5-3　船台での進水風景。船は滑走台と一緒に、２本の固定台の上を自重で滑り降りる。（内海造船提供）

滑り降りる瞬間は感動的である。そして、進水した日が、その船の誕生日にあたる。

乾ドックでの建造

最近の大型船は、船台ではなく、乾ドックで建造されることが多い。乾ドックとは、海岸線を掘り込んだプール状の施設で、海との間を扉で閉めて内部の水を抜くことができ、その中で船の建造や修理作業ができる。船渠(せんきょ)と呼ぶこともあるが、今では単に「ドック」と呼ぶのが一般的である。

船台建造では、傾斜のある台の上で船殻を建造する必要があったが、ドックの場合には平らなドック底での建造となるため、作業が容易になり、さらに進水もドック内に注水するだけでできるので、進水作業にともなう技術的な困難はない。従って、最近では、大型船の建造はドックで行うのが一般的になりつつある。

日本国内では、100万トンタンカーの建造が計画されて、1972年から1973年に完成した、三菱重工の香焼(こうやぎ)工場の100万トンドック(1000メートル×100メートル、2022年に大島造船所が購入)をはじめ、日立造船の有明工場(620メートル×85メートル)、石川島播磨重工業の呉工場(510メートル×80メートル)と知多工場(810メートル×92メートル、2018年閉鎖)が建設されたが、オイルショックの影響でタンカーの大きさは約50万トンで頭打ちとなり、１００万トンタンカーが建造されることはなかった。

その後、韓国および中国でも１００万トンドックが建設された。

日本では、その後、大型ドックの建設は行われてこなかったが、今治造船は２０００年に西条工場に大型ドック（４２０メートル×89メートル）を、２０１７年には丸亀工場に大型ドック（６１０メートル×80メートル）を建設している。

写真5-4　日本では最新鋭の今治造船丸亀工場の乾ドック。門型のゴライアスクレーンの下の右側がドックで２万個積みの大型コンテナ船を建造中。左側のスペースでは巨大ブロックがつくられている。（今治造船提供）

船体の建造

船体を構成する鋼材は、製鉄所から船で造船所の岸壁に輸送される。この岸壁を水切り場と言う。鋼材はショットブラストという機械で錆落としをしてから、簡単な塗装をされ、設計図に従って自動的に切断や曲げ加工が施される。ただし、複雑な曲面等の加工は今でも職人の手で行われる。

部材は溶接でつなぎ合わされて、しだいに大きなブロックへと組み立てられる。かつては、作業員が上向きで行う溶接作業なども多かったが、非効率なのでブロックを反転させて、できるだけ自動で溶接し、作業員が行う場合にも下向きの溶接をして生産性を向上させている。また、ブロックをつくる過程で、パイプや電線などを取り付ける先行艤装が行われる。

大きく組み上げられたブロックは、工場から出され露天でさらに大きなブロックに組み上げら

写真5-5　鋼板が切断、加工され、溶接で接合されて小さなブロックがつくられていく。生産性のポイントは上向きの溶接作業をできるだけ少なくし、自動溶接を多くすることだ。

写真5-6　工場の中でブロックはしだいに大きくなっていく。

写真5-7　船員の居住区とブリッジが入る5階建ての上部構造物も一つのブロックとして建造され、船体上に載せて溶接で接合される。

れて、最終的には船台・ドックの近くに置かれる。最終的な大きさは、船台・ドック横の移動式クレーンの容量によって決まるが、最近では300トン近い能力があり、2基がけにすると600トン近い巨大ブロックまで吊り上げることができる。こうして製造された巨大ブロックを順番に船台・ドックの所定の場所に降ろして、溶接で接合する。またブロックは、建造造船所でつくられるとは限らず、中には海外の工場で製造されてバージに載せられてやってくることもある。

写真5-8 別の工場で製造された巨大なブロックが、バージに載せられて造船所に運ばれる。いかに分業して効率よくブロックを製造するかで、造船所の生産性は決まる。

写真5-9 ブロックはクレーンで船台・ドック上に搭載されてつなぎ合わされ、1隻の船となる。大きなブロックにして搭載するほうが工期は短縮されて生産性が向上する。

写真5-10 進水した船体は、造船所の艤装岸壁に係留されて艤装工事が行われる。上の写真は艤装中のカーフェリー（内海造船向島工場）、下の写真は艤装中の大型コンテナ船（今治造船広島工場）

船体ができると、進水式が行われ、海上に浮かぶこととなる。この時点では、船はまだ完成しておらず、自力で動くことはできない。タグボートによって造船所内の艤装岸壁に移動して、そこで、船内のあらゆる機器の設置や、船内装飾が行われる。これを艤装工事と言う。

艤装工事

艤装工事は、大きく船体艤装、機関艤装、電気艤装の３つの部門に分けられる。この船の艤装には、自らの推進機関をもって長時間の連続運転を強いられ、赤道から寒冷地まで環境の異なる水域で稼働し、悪天候にあっても安全に航海できる船に仕上げることが必要となる。従って、船舶艤装にあたっては次のような要件を満たす必要がある。

①耐震性 ②大きな動揺や衝撃への耐性 ③塩分に対する耐腐食性 ④紫外線などの環境への耐性 ⑤甲板機械などの波浪対策 ⑥居住区の振動・騒音対策 ⑦各艤装品に対する適用規則を満足すること ⑧船内修理の容易性

①と②は、船内にある巨大なエンジンや推進器による振動と、波による船体運動や衝撃圧に対するもので、この対策を怠ると乗り心地が悪いだけでなく、艤装品の損傷・故障につながる。③の塩分対策は、海で使われる船では必須であり、すべての艤装品に腐食対策が欠かせない。

艤装工事で取り付ける機器、工事材料などには、各種の安全規則が適用されることが多い。国際航路船であれば、国際海事機関（IMO）規則および船級規則、国内航路船であれば日本政府（JG）の規則である。

試運転

艤装工事が終了すると、船は造船所を離れて洋上で海上試運転が行われる。一般的には造船所の技術者が予行運転を行って細部まで正常に稼働するかをチェックし、最終的には、船主、海事当局、船級協会などの関係者が立ち会って、速力試験、旋回試験、緊急停止試験などの検査が行われる。大型船では数日かけて泊まり込みで海上試運転が行われる。

行われる試験の中でも、速力試験は、契約書の中にも記された契約速力がでるかどうかが大事となり、でない場合にはペナルティ（罰金）を科され、最悪の場合には引き渡しの拒否にまで至る。この速力試験においてエンジンをフル回転してでた速力が（試運転）最大速力であり、その船にとって一生に一度の最高速力となる。

また、旋回試験で得られた旋回円、停止試験で得られる停止距離は、それぞれの船に固有の操船上の重要な性能を表しており、その試験結果は運航時のブリッジに掲示される。

写真5-11 海上試運転中のRORO貨物船。速力試験、旋回試験、緊急停止試験等、さまざまな試験が数日にわたって行われる。（今治造船提供）

写真5-12 海上試運転を終えて、船は造船所から船主に引き渡される。大型クルーズ客船をバックに造船所の職員が記念撮影。（三菱重工提供）

引き渡し

引き渡し式は、船主関係者が造船所に集まって行われることが多い。引き渡し前に、日本籍船であればブリッジに安全運航祈願のための神棚が設けられて入魂式が行われることもある。

式が終わると船は造船所から引き渡され、艤装岸壁を離れて船主による運航に移る。商船の場合には、最初の商用航海を処女航海と呼び、これは英語のメイデン・ヴォヤージからきている。

5-2 船を使う——海運の役割

日本の貿易貨物の99・6%は船が運ぶ

島国である日本では、輸出入貨物の99・6%を船舶が運んでいる事実は意外に知られていない。航空機が運ぶ貨物は0・4%にすぎない。もちろん、航空機が運ぶ貨物は高価なものが多く、輸出入金額のうえでは航空貨物が半分以上を占めている。

日本はエネルギー資源や鉱物資源のほぼ100%、食糧資源の70%以上を輸入に頼っているので、船が止まれば日本経済・国民生活は成り立たない。

日本の国内貨物の輸送量では、運ぶ距離によっても数値が変わるため、貨物の重量（トン）と輸送距離（キロメートル）の積で評価するのが一般的で、トンキロという単位が使われる。この単位で、輸送形態別の統計をとると、自動車が約50%、船が約40%、鉄道が約5%となっている。一般的に近距離輸送には自動車、遠距離輸送になるほど船と鉄道が使われている。たとえば

100キロメートル未満では約97％が自動車、500キロメートル以上になると、船の割合が50％を超え、1000キロメートル以上では約80％が船、13％が自動車、7％が鉄道となっている（2017年実績）。

海運業とは

船舶を使って人や物を運び、その対価を収入とする事業を海運業と呼んでいる。最初は、航海する人自身が、寄港する港で品物を購入して、それを運んで売るのが一般的で、プライベート・キャリアもしくはマーチャント・キャリアと呼ばれていた。やがて、商売と輸送が分離して、船舶は運賃収入で稼ぐようになりコモン・キャリアと呼ばれる海運業が一つの産業として確立された。

最初は海運会社が船を所有して運航し運賃収入を得るのが一般的だったが、現在では分業化が進んでおり、船舶を所有する船主（オーナー）、船舶を使った輸送を請け負う海運事業者（オペレータ）、船舶の運航を行う運航管理会社などで役割分担をしている場合が多い。海運事業者は、自社船を運航する他、船主から借りた船舶を運航管理会社の手によって運航してもらい、集荷した貨物を運んで運賃収入を得ている。

また、かつては港から港までの海上輸送だけが海運事業者の役割であったが、荷主の発送地点から受け取り地点までのドア・ツー・ドアの輸送が求められるようになり、船舶による海上輸送だけでなく、陸上輸送も含めた国際複合一貫輸送が海運事業者に求められるようになってきた。すなわち、荷物の発送地点から港までの陸上輸送、港と港の間の海上輸送、港から受け取り地点までの陸上輸送を一貫して請け負うことが一般的になった。その結果、船舶の所有も運航もしない会社が、海上荷物の輸送を引き受けることもできるようになり、ノン＝ベッセル・オペレーティング・コモン・キャリア（ＮＶＯＣＣ）と呼ばれている。この傾向は、雑貨輸送がコンテナを用いたユニット輸送になり、一貫輸送がしやすくなったことから急速に進展した。

外航船と内航船

日本と海外の国を結ぶ航路や、海外の国同士を結ぶ航路に就航する船を外航船または国際航路船と言う。外航船は、国際海事機関（ＩＭＯ）の定める規則に従って建造され、運航される必要がある。また日本の港を発着する外航船は、どこの国の船であっても自由に運航ができ、これを「海運自由の原則」と呼んでいる。ただし、国際海事機関の規則に適合しない船はサブスタンダード船と呼ばれ、どの国の国籍船であっても寄港国の政府が検査し、出港の停止、修理の命令ができることになっており、これをポート・ステート・コントロール（ＰＳＣ）と呼んでいる。

一方、日本国内だけで運航される船舶は内航船と呼ばれ、日本政府（ＪＧ）の規則に従い建造され、運航される必要があり、さらに日本籍をもつことが義務付けられている。このように自国内の輸送は、自国籍の船舶でなければならないルールをカボタージュ規制と言い、海外の多くの国でも同様の規制が行われている。これは有事の際に、国内の人と荷物の輸送を確保して、国民の安全を保障するとともに、自国船員による海技の伝承や、自国の海事産業の振興のためである。

内航船には、客船、カーフェリー、貨物船などがあり、2020年度統計では、旅客4530万人、国内貨物輸送の約4割を運んでおり、鉄鋼・石油製品・セメント等の産業基礎物資輸送の約8割を担っている。

定期船と不定期船

定期船はライナーとも呼ばれ、一定の航路をスケジュール通りに運航する商船を指し、不特定の顧客が有償で人や荷物の輸送に使うことができる。客船にも貨物船にも定期船がある。

かつては世界中の大洋を渡る長距離航路に定期客船が就航していたが、現在はほとんど姿を消し、比較的短距離（約1000キロメートルまで）の沿岸航路、近海航路、離島航路などにだけ就航している。

貨物船の定期船は、世界の主要都市間を結ぶ幹線航路に就航しており、雑貨を運ぶ船が中心である。かつては高速の一般貨物船がその役を担っていたが、現在はコンテナ船がそれに代わって主流となっている。アジア―欧州、アジア―アメリカ、アメリカ―欧州などの幹線航路には、4000～2万4000TEU積みの大型コンテナ船が就航している。TEUとは、積載能力を20フィートコンテナに換算して示す単位で、英語のトゥエンティ・フィート・エクイバレント・ユニットの頭文字をとったものである。またそれぞれの域内のコンテナ輸送には300～2000TEU積みの小・中型コンテナ船が就航している。

国内の定期貨物船としては、小型コンテナ船、RORO貨物船などがある。

荷主の要望に応じて運航される船を不定期船（トランパー）と呼び、鉄鉱石や石炭、穀物などを運ぶばら積み船、原油や石油精製品などを運ぶタンカー、自動車運搬船、LNGやLPGの液体ガス運搬船などさまざまな船種が使われる。

用途別の船の種類

以下に、用途別の船の種類を紹介する。

■人の輸送をする客船

かつては太平洋や大西洋を横断する定期ライナーと呼ばれる大型の客船がたくさんの旅客を運

んでいた。その最盛期は第二次世界大戦前後の1940年代のことで、8万総トン、航海速力30ノットという船が大西洋横断航路に登場した。フランスの「ノルマンディー」、イギリスの「クイーン・メリー」「クイーン・エリザベス」がその代表だ。第二次世界大戦後も、大型の定期客船が建造されて就航していたが、今では姿を消して、人の輸送は飛行機にシフトしている。この客船から旅客機へのシフトの理由は絶対的なスピードの差にある。速い船でも、そのスピードは時速50キロメートル程度であり、一方飛行機は時速800キロメートルと16倍も速い。概略の比較をするときには、飛行機の1時間が、船の丸一日と考えてよい。それほどスピードに差があるため、1970年頃には大洋を渡る客船は、飛行機との競争に敗れて姿を消したのである。

長距離航路の定期客船に代わって、船旅を楽しむためのクルーズ客船が世界中で数を増しており、大きさも急速に大きくなっている。2023年現在の最大のクルーズ客船は「ワンダー・オブ・ザ・シーズ」で、約24万総トン、8000人余りの乗客・乗員を乗せる。世界のクルーズ客船の数は400隻強であり、2019年時点で年間3000万人がク

写真5-13　世界最大のクルーズ客船「ワンダー・オブ・ザ・シーズ」(約24万総トン)

写真5-14　自動車の普及にともない狭い海峡の横断や離島航路でカーフェリーが普及した。

写真5-15　大阪南港と鹿児島県の志布志港を結ぶ大型カーフェリー「さんふらわあ さつま」。一晩かけて580キロメートルを移動する。

ルーズを楽しんでいる。

一方、短距離航路の定期客船は、離島航路や海峡横断航路などの短い距離の旅客輸送や、1960年代の自動車の普及にともなって、300〜1000キロメートル程度までの航路に登場し、人と一緒に車も運ぶカーフェリーとして新しい旅客輸送の役割を担うようになった。日本国内で移動のために旅客船を利用する人は、年間約1000万人であり、人数に輸送距離をかけた数値では約40億人キロとなる。旅客船の大きさは、総トン数で10トン程度から2万トンまで大小さまざまで、大きなカーフェリーでは900人近い旅客を乗せることができる船もある。

■渡し船——フェリー

川や狭い海峡を横断する定期客船は、渡船、渡し船または渡海船と呼ばれ、英語ではフェリーである。海外では、香港の香港島と九龍半島を結ぶスターフェリーなどが有名だが、日本でも各地で渡船が運航されている。橋が架かるとなくなる渡船もあるが、福岡県北九州市の若戸渡船のように橋が架かっても、旅客輸送に特化して運航されている航路もある。

なおフェリーは、日本では自動車も運ぶカーフェリーを意味することもあり、船名に「フェリー」が付いていれば自動車も積載する船であることを意味することも少なくない。また、単距離航路だけでなく1～2泊程度の航路に就航するカーフェリーを、単に「フェリー」と呼ぶことも一般的になっている。たとえば日本では航路長が300キロメートルを超えるフェリーは、長距離フェリーと呼ばれており、その業界団体は日本長距離フェリー協会という名前になっている。基本的にカーフェリーは貨客船の一種であり、船内に広い車両甲板を有することと、車両が自走で乗下船するためのランプウェイを有する点が特徴である。

写真5-16 日本各地で川を渡る渡船が今も活躍している。茨城県取手市の小堀の渡しを運航する「とりで」は利根川の両岸を渡す渡船。

写真5-17　日本ではフェリーと言うと車と旅客を運ぶカーフェリーを指すことも多い。「フェリーふくおか」は大阪南港と新門司港を結ぶカーフェリー。

■カーフェリー

旅客とともに車も運ぶ客船は、日本ではカーフェリーと呼ばれ、欧米ではローパックス（ＲＯＰＡＸ）と呼ばれることが多い。ローパックスとは、ロールオン・ロールオフ荷役（車両による自走荷役）をする客船という意味である。英語を母国語とする国では、トラックやバスなどの大型車はカーには含まれないため、カーフェリーと言うと乗用車のみを積載するフェリーという意味になるためである。本書では、ローパックスという言葉は日本では馴染みがないので、カーフェリーと呼ぶことにする。また日本の役所用語としては、旅客船兼自動車渡船と呼ばれることもある。

カーフェリーは、川や狭い海峡にまず出現した。車ごと川や海を渡すことで、両端の港において貨物の積み替えがなくたいへん便利なためである。日本では、１９３４年に現北九州市の若戸と戸畑間の海峡に就航した「第８わかと丸」「第９わかと丸」が最初で、その後、鹿児島―桜島間、下関―門司間、宇野―高松間、明石―岩屋間等にカーフェリーが就航した。架橋やトンネルの開通により、姿を消す航路も多い。

■さまざまな貨物船

さまざまな貨物を運ぶのが貨物船である。旅客と貨物を一緒に運ぶ船を貨客船と呼ぶこともあるが、これは法規的な分類にはなく、法的には13人以上の旅客を運ぶ船は客船、12人以下の旅客と貨物を運ぶ船は貨物船に分類される。すなわち、貨物船でも12人以下の旅客の輸送をすることができ、国内でも離島航路の貨物船の中に旅客を扱っている船もわずかながら存在する。

写真5-18 貨物船の中で最も数の多いばら積み船。デッキ上に船倉から貨物の荷役をするためのクレーンが並び、開口（ハッチ）が設けられている。

貨物船は、固体貨物を運ぶ乾貨物船と、液体貨物を運ぶタンカーに分けることができる。タンカーは貨物艙が液体貨物を密閉して保管・輸送することのできるタンク（槽）となっている。

貨物船の中で最も数が多いのはばら積み貨物船で、バルクキャリアまたはバルカーとも呼ばれる。船内はいくつかの船倉に分かれており、穀物、石炭、鉱物などを梱包せずに、そのままの状態でデッキ上にある開口（ハッチ）から、クレーンや専用荷役装置を使って荷役をする。特定の貨物を専用に運ぶばら積み貨物船には、鉄鉱石運搬船やチップ運搬船があり、それぞれ特徴のある船型となっている。

・雑貨を運ぶコンテナ船

さまざまな製品や雑貨を運ぶ貨物船として一般貨物船があり、船倉内に梱包した製品を積むが、港での荷役に時間と労力を必要としていたため、1950年代に登場したコンテナ船が大勢を占めるようになった。コンテナとは寸法が規格化された金属製の箱で、その中に雑貨を詰めてトレーラーで港まで運び、岸壁に備え付けられた専用のクレーンで船に積み込む。港での積み降ろし作業が短時間で、さらにコンテナの状態で荷物を配送できるという、ドア・ツー・ドアの一貫輸送が可能なため急速に普及した。コンテナの規格は、長さが20フィート（約6・1メートル）と40フィート（約12・2メートル）が主流であり、前述のように、コンテナ船の積載能力は20フィートコンテナに換算されたTEUという単位が使われることが多い。

コンテナ船による輸送は、効率向上のためにハブ・アンド・スポークという輸送形態がとられている。ハブとは中心という意味で、地域ごとの中心となる港を指し、ハブ港間は大型船で運び、ハブ港とハブ港の周りの港との間は小型のコンテナ船で輸送する効率のよいシステムである。自転車の車輪の中心のハブと、タイヤとの間を結ぶスポークに見立てて名付けられ、海運だけでなくあらゆる物流の世界で取り入れられている。欧州とアジアのハブ港間には２万ＴＥＵ以上、アジアとアメリカ、アメリカと欧州間には１万ＴＥＵ級の大型コンテナ船が就航している。ハブ港と周辺港を結ぶ航路に就航する中小型コンテナ船はフィーダー船と呼ばれている。

写真5-19 幹線航路を運航する1万1000TEUコンテナ船「ＹＭトルース」

写真5-20 アジアの国々を結ぶ航路には400～2000TEUの中型コンテナ船がたくさん運航している。

写真5-21 内航コンテナ船は200～800TEUの小型船が多い。井本商運の「だいこく」。

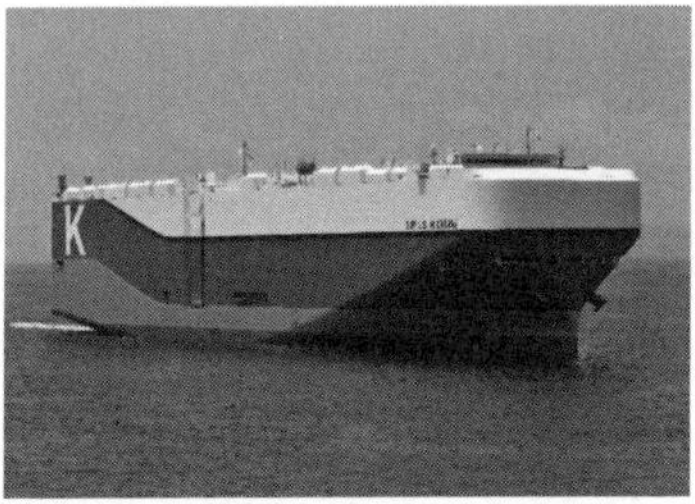

写真5-22 PCTCシリウス・ハイウェイは、乗用車換算で7500台の車両を運ぶ。

・自動車運搬船

自動車を専用に運ぶ専用船は、車を自走で積み降ろしするランプウェイという可動式斜路をもち、船内には何層もの車両甲板をもつ。乗用車を専門に運ぶ自動車専用船はＰＣＣ、大型車も運ぶ船はＰＣＴＣと略称されている。大型の船では13層の車両甲板をもち、乗用車換算で８０００台もの車を積載する。当初は新車の輸送が中心であったが、最近では中古車等の輸送も活発になっている。

荷役には10人前後のドライバーが一組となり、岸壁から車を運転して船内の所定の場所まで行き、転倒しないように固定して、マイクロバスで岸壁に戻ることを繰り返す。この車の固定をラッシングと呼び、ドライバーとは別の作業員が行うこともある。

・巨大な物を運ぶ貨物船

大きく重いプラントや機械を運ぶ貨物船が重量物運搬船である。時には鉄道車両や小型の船舶なども運ぶ。一般貨物船と似た船型だが、重量物を吊り上げるための大型クレーンを船上にもち、甲板も頑丈に造られている。
さらに大きなプラントを運ぶための特殊な船も開発されている。

写真5-23　重量物運搬貨物船は、大型のクレーンをデッキ上に備えている。

・セメントタンカー
土木工事や建築工事に使われるセメントも船で運ばれている。セメントは固体だが、湿気をきらうので液体貨物と同様に密閉されたタンク式の船倉に積載して運ぶため、セメントタンカーと呼ばれている。セメントの積み降ろしはパイプ内を空気圧で輸送して行う。

・液体貨物を運ぶタンカー
液体貨物には、原油をはじめとする各種の油、液体化学品、液化ガスなどがあり、密閉されたタンクに積載して運び、ポンプで荷役をする。

最も大型なのは、産油国から消費国に原油を運ぶ油タンカーで、１００万トンの油を運ぶ船も計画され、56万トン級まで建造されたことがあるが、現状では最大でも30万トン前後までが

写真5-24　原油タンカー「TSURUGA」は、約31万トンの原油を積載する。

主流となっている。タンカーでのトン数は、載貨重量と呼ばれる、積載できる重さの単位が主に使われている。大型船ほど輸送効率はよくなるが、通過できる航路、積み降ろしの港などが制限されるため30万トン程度までが最も経済的と見なされている。原油を精製した各種の油を運ぶ船はプロダクトタンカーと呼ばれて、黒い原油を運ぶ黒油船に対して、白油船と呼ぶこともある。船倉内部がコーティングされているのが一つの特徴である。

種々の液体化学製品を運ぶのがケミカルタンカーである。各製品の化学特性に応じて、タンクをステンレスで造ったり、コーティングをしたりしている。異なる化学製品を同時に運ぶことも多いので、船内のタンクは細かく分かれており、それぞれに荷役用のポンプ・パイプが設置されている

各種の液化ガスをタンクに入れて輸送する船で代表的なものには、LPG船とLNG船がある。LPGはプロパンおよびブタンを主成分とする石油ガスで、低温にして液化するものと、

写真5-25 大型巡視船「つがる」はヘリコプターを搭載して、日本の排他的経済水域を守っている。

常温で圧力を上げて液化するものがある。長距離の国際航路には低温式が、近距離の国内航路用には加圧式が多い。メタンを主成分とする天然ガスをマイナス162度にすると液化してLNGとなる。これを運ぶLNG船としては、アルミの球形タンクを並べたモス型、角形のタンクの表面をメンブレンと呼ばれる薄板で覆った方式、アルミ方形のSPB方式などが開発されている。

■特殊船

特殊船には厳密な定義はなく、客船と貨物船などの商船および軍艦を除く船を指すことが多い。海上保安庁の巡視船・巡視艇、水上警察の警備艇、税関の監視艇などの公的業務に従事する船舶、漁業に関連する漁船、海洋観測や海洋開発に従事する船舶、パイロットの送迎をするパイロットボート、危険物を積載する大型船の誘導を行うエスコートボート、船舶の離着岸等の補助をする曳船（タグボート）など極めて多岐にわたる。

写真5-26　護衛艦「かが」はヘリコプター搭載庫を有し、多数のヘリコプターの発着が可能な広い甲板を持つ。

■国を守る軍艦

各国の軍隊もしくは日本の自衛隊が所有する戦闘能力をもつ船およびそれを補助する船を軍艦（日本では自衛艦）と言う。軍艦は軍艦であることを外部に示す軍艦旗などの標識を掲げなければならない。かつては、大口径の砲弾を遠くまで飛ばす大砲を積んだ戦艦が中心的な存在だったが、第二次世界大戦以降は、その姿は消え、航空母艦、ミサイル搭載巡洋艦および駆逐艦、潜水艦などが中心となっている。また高速力の小型ミサイル艇、海岸に軍隊を送る揚陸艦、補給艦や輸送艦、潜水母艦、潜水艦救難艦、哨戒艦、練習艦などさまざまな任務を行う軍艦がある。

写真5-27　天然の良港、室蘭港

5-3 船が憩う――港の役割

母港とは

船には母港と呼ばれる港がある。すべての船は、国籍と船籍港をもち、名前をもつことが義務付けられている。船籍港とは船の登録をした港で、日本で言えば本籍地となり、一般的には船籍港が母港ということになるが、人が本籍地に住むとは限らないように、船籍港を拠点として運航されるとは限らない。そのため、その船が活動拠点としている港や、発着する港のことを指して母港と言うことも多い。便宜置籍国のリベリアやパナマなどに籍をおく船では、一度も船籍港に入港しない船さえある。

天然の良港

かつては半島に囲まれた入り江や小さな湾が、波を遮り静穏な海面が確保されるので、天然の良港として使われた。北海道の室蘭港、近畿の舞鶴港、九州の佐世保港や長崎港などが有名だ。

古くから海運が栄えた欧州では、天然の良港を中心として都市が形成されたところも多い。とくにドイツのハンブルク、ブレーメン、リューベックなどのハンザ都市は、13世紀頃からバルト海や北海沿岸の都市と同盟を結び、海上貿易で栄える港を中心とする都市群を形づくった。スウェーデンのストックホルムやビスビュー、ノルウェーのベルゲン、フィンランドのトゥルクなどもハンザ都市として栄えたが、いずれも天然の良港を有していた。

人工港

天然の良港のない場所にも多くの港が造られるようになった。海岸線を埋め立てたり、沖合に人工島を造ったりして、とくに大量の物流が必要な大都会の港は、沖に展開され、どんどん広がりをみせていった。たとえば東京湾、伊勢湾、大阪湾などには、次々と巨大な埋め立て地が造成され、工業用地、住居地、そして港湾施設として使われた。中には大都会からのゴミの最終処分場としてゴミによって埋め立てられ、新しい土地が造成される場合もあった。東京の夢の島、大阪の夢洲（ゆめしま）などがそれにあたる。

また苫小牧港、鹿島港、仙台新港のように陸地を掘り込んで造った人工港もある。主に海岸線の砂丘地帯を大規模に掘削して内港を造るもので、高度な土木技術が必要であり、いずれも第二次世界大戦後に建設された。

河川港

海だけでなく、川も重要な交通の道として使われている。欧州のライン川やドナウ川、北アメリカのミシシッピ川、中国の長江などでは数千キロメートルにも及ぶ大規模な内陸水運が今でも行われている。

ドイツ最大の港であるハンブルク港はエルベ川の河口から100キロメートルほどさかのぼったところにあり、オランダのロッテルダム港はライン川の河口にあり、内陸部のスイスまで小型貨物船が物資の輸送を行っている。流れがきついところには、堰が設けられて流れを穏やかにして、船は閘門（ロック）を使って上下に移動する。この閘門を使うため、船体は細長くナローボートとも呼ばれている。

写真5-28 欧米では大河の河口の港から内陸奥地まで細長い船での輸送が行われている。写真はライン川の閘門（ロック）。左側が堰になっており、右側が船が通過できる閘門となっている。

写真5-29　隅田川で運航されている観光船。河口にある東京港と浅草を結ぶ。

旅客の輸送に河川を使うことは少なくなったが、観光目的のリバークルーズ客船が多数就航しており、たとえばライン川のクルーズは5日間をかけて河口のロッテルダムから、スイスのバーゼルまで航海し、途中の街々を観光することができる。

日本でも、淀川、利根川などでは、かつて水運が行われており、川上に多くの河岸と呼ばれる船着き場があったが、陸上交通網の整備にともなって姿を消したところが多い。

このように川が交通手段として活用されたことから、大きな川の河口に大型船用の港が造られ、海を渡る物資が河川や運河を利用して内陸に運ばれた。これを河川舟運と言う。日本での事例は少ないが、東京の隅田川、京都の木津川などでは今でも舟運が細々と残っている。日本には海外のような河川で運航される宿泊型のクルーズ客船はないが、各地の河川で遊覧観光船が運航されており、発着用の桟橋が整備されている。

変わる港の形態

港の最も基本的な機能は、船舶が停泊して、人の乗り降りや、貨物の荷役ができることで、そのための埠頭もしくは桟橋があることである。さらに停泊した船が大きな動揺をしないように、防波堤などを設置して港内の海面を静穏に保つことが大事になる。

船舶の大型化にともなって、航路筋および岸壁前には十分な水深を確保することが必要となる。大型のコンテナ船では喫水が16メートルにもなるものがあるので、それに対応することが必要となる。

埠頭は、船舶が係留されて、荷物の揚げ下ろしをするためのスペースとともに、荷物を保管するための建物が必要となり、これを上屋(うわや)と言う。

かつて大都市圏を背後にもつ港湾は、たくさんの埠頭を櫛状に配置し、多数の船を受け入れた。たとえばアメリカのニューヨークの港はマンハッタン島の周りに100余りもの桟橋が櫛状に配置されていた。しかし、現在はそのほとんどが撤去されている。その理由は、コンテナ船の普及にある。それまで雑貨類の輸送は一般貨物船が担ってきた。船倉に梱包された荷物を積み、クレーンで荷役をするのに1万総トン程度の船で1週間から10日を要した。このため大きな港湾ではたくさんの岸壁が必要となり、櫛の歯状に埠頭が造られた。しかし、コンテナ船になって荷役時間は短縮され、大型船でも荷役は1日で終わるようになった。そして短い時間に大量のコンテナが荷役されるようになり、岸壁に隣接して広大なコンテナ置き場が必要となった。このため櫛状の埠頭は使えなくなり、船が係留される岸壁の陸側に広いコンテナヤードをもつ港が建設された。

　コンテナ船とともに急速に数を増した自動車運搬船（ＰＣＣおよびＰＣＴＣ）やＲＯＲＯ船の埠頭でも、岸壁の陸側にシャーシーを置くための広大な駐車スペースが必要となった。

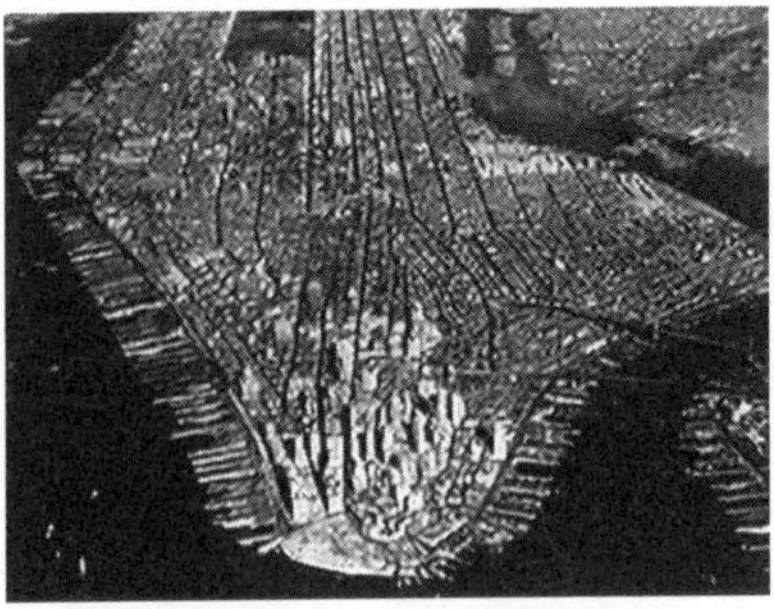

写真5-30　かつてのニューヨーク・マンハッタン島には100余りの桟橋が櫛の歯状に造られていた。

写真5-31　広大な駐車場が必要な現代の自動車運搬船の専用埠頭

写真5-32　広大なコンテナヤードが必要なコンテナ船専用埠頭（東京港）

港湾の役割

港湾には、人の乗り降りや貨物の積み降ろし以外にも重要な役割がある。それが、船員の休息や交代、燃料油の補給、水や食料品の補給、船の修理などである。

国際航路の船のうち、一定の航路をスケジュールに従って運航される定期船では、船員の交代は比較的容易であるが、積み荷に応じて世界中を動き回る不定期船では船員は飛行機で移動して港で交代する。国際規則で、連続して乗船勤務できるのは12ヵ月未満と決まっていて、その後一定期間の休暇をとる。船の上での勤務時間は一日8時間と決まっているが、勤務時間以外であっても船内で過ごさねばならない職住一体という特殊環境にあるため、たとえば日本の内航船については、3ヵ月乗船して1ヵ月の休暇をとる勤務体制が一般的である。

写真5-33 港に停泊する大型船に燃料を補給する給油船(バンカリング船)

燃料の補給はバンカリングと言う。バンカーは石炭庫の意味だが、燃料が石油に変わっても船の世界ではバンカリングという言葉が使われている。船への給油は、小型の給油船が停泊中の船に横付けしてホースで行う。最近はＬＮＧ燃料など、環境負荷の小さな燃料を使う船も出現しており、タンクローリーで陸上から給油する方法もあるが、専用のバンカリング船が登場しており、シップ・ツー・シップの燃料補給も行われるようになった。

水の補給は岸壁の給水栓から行われるが、給油船と同様に大型船に水を供給する給水船もある。また大型客船では船内に造水機をもつ船もあるが、価格の安い水を一定量積み込む船も多い。

港では、食材から、船用品、そして船員用の物品まで積み込み、その専門業者をシップチャンドラーと言う。外国航路の船には免税で納品する資格をもっている。

港湾のもつ経済波及効果

では港湾のある都市で、海事産業がどのくらいの経済効果をもっているのであろうか。この経済効果を測る指標の一つが経済波及効果だ。ある産業が活動することで、その地域の経済にどの程度の貢献をするかを金額で表したもので、港湾の場合には船が港で落とすお金（港湾諸費用、船用品や食料品の購入経費、船員の消費など）を調べ、産業連関表により、種々の産業への経済的なお金の流れを計算し、国内総生産（ＧＤＰ）の額、税収などを算出する。たとえば、日本最大の取扱貨物量を誇る名古屋港の場合について、２０２２年に公表された数値では、名古屋市への経済波及効果は約8兆円で全生産額の約34%、愛知県全体では約39兆円となり、県全体の生産額の約46%となっている。名古屋港の経済活動で創出される県全体の雇用数は約140万人で、県内就業者数の約38%となっており、港湾のもつ経済波及効果が非常に大きいことを示している。日本の他の主要港湾都市においても、ほぼ同様の経済波及効果となっている。

5-4 さまざまな船

これまでの長い船の歴史の中でさまざまな船が登場して、ある船は消えて、ある船は生き残った。また、一度は消え去ったが社会環境が変化して再び復活した船もある。そのような船を幾種類か紹介しておきたい。

船の最大の弱点は船酔いの問題である。地上の建物は、地震以外ではめったに揺れないが、船の場合には、その土台である水面が、自然環境によって波打つのだから揺れるのは当たり前。船の揺れを抑える方法は、古くからたくさんの造船技術者によって考えられ、前述したようにビルジキール、フィンスタビライザー、アンチローリング・タンクなどの減揺装置が実用化されている。抵抗を減らすために船は前進する方向に細長い形をしているのが普通だが、そのために横からの波には弱くてよく揺れる。それならば、幅を広げて揺れを少なくしようと、上から見ると円

写真5-34　リバディアの模型（グラスゴー博物館所蔵）

写真5-35　円盤形のタグボート「梅丸」

盤形の船がロシアの軍人ポポフによって考案され、１８７４年に建造された。船名は「ノブゴロド」で、直径は30メートルで、６個のスクリューを有していた。１８８０年には、これを大型化したロシア皇帝用ヨット「リバディア」がイギリスのスコットランドで建造されている。長さが72メートルに対して幅は47メートルなので完全な円形ではない。前進抵抗と針路安定性を保つために少しだけ幅を狭めたようだ。３基の蒸気機関で最大速力は15・７ノットを記録したという。

この円盤形の船は、２０１６年にタグボート「梅丸」として復活した。本瓦造船が建造し、尾道の向島ドックの曳船として稼働している。「梅丸」は日本船舶海洋工学会のシップ・オブ・ザ・イヤー漁船・作業船部門賞を受賞した。大型船をあらゆる方向に牽引するタグボートには前後左右対称の円盤形船体がよいと考えられたのであろう。面白い発想だ。とは言っても、はたして今後、同じような形の船がでてくるのかはわからない。

船酔いで最もきついのは、横揺れよりは縦揺れと上下揺れだということが判明している。それは船酔いに直接関与する上下加速度が大きいためだ。この上下加速度は高速で航行すると、出会周波数が大きくなり、その2乗で増加するので、とくに高速船にとっては致命的だ。そこで高速船の縦揺れを少なくする船型として開発されたのが波浪貫通型船型や、各種の縦揺れ低減装置であり、第4章の4－1節でも紹介した。しかし、もう一つ、半没水型双胴船という船型も開発されたことは、今では半分忘れられている。これは水面が船体を水平方向に切って定義される水線面を小さくして、排水量を確保するための船体体積をできるだけ水面下深くに沈めて配置した特殊な船型であり、波で水面位置が変動しても、浮力の変動が小さくなって揺れを防ぐ。最初は、洋上石油掘削のプラットフォーム用に開発され、セミサブ型（セミ・サブマーシブルの略）海洋構造物と呼ばれた。これを船にも応用しようとしたのが半没水型双胴船で、英語では

写真5-36 三井造船が開発した半没水型双胴船「メイサ80」（三井造船提供）

ＳＷＡＴＨまたはＳＳＣと呼ばれ、この船型の旅客船や海洋観測船等が建造された。水面下の魚雷型の2本の船体に、前後方向に細長いストラットが取り付けられ、水面上の構造物を支える形になっている。最近は新造が止まり、絶滅危惧船種となっているが、その特性を生かせる用途開発があれば復活する可能性もある船型である。

船全体を揺らさずに船酔いを防止するのではなく、旅客のいる客室だけを揺らさなければよいのではと考えて開発された船もある。三菱重工が開発したもので、客室部分を上下する油圧シリンダーで制御して、船体は揺れても客室はつねに水平を保つという優れもので、その実験船は関門海峡の遊覧船として稼働したが、後に続く船は現れずに姿を消した。この技術は、テーマパークなどのアトラクションや、各種の動揺シミュレータに用いられているが、今のところ、船の世界で復活の兆しはない。

写真5-37　船体が揺れても丸い客室はつねに水平を保つ遊覧船「ヴォイジャー」

経済性を重んずる客船や貨物船の世界では、動力船によって、ほぼ駆逐された風力を利用する船舶だが、社会環境の変化によって何度か復活の兆しをみせている。まず1970年代のオイルショック後の燃料油価格の高騰にともない、各種の帆装貨物船が開発された。かつて貨物船では

50人余りの乗組員が乗っていたが省人化によって乗組員の数が少なくなり、従来の帆船のように多くのマストにたくさんの布製の帆を張ることは難しいため、自動的に帆を張ることができ、かつ風力を最大限に船の推力として活用するための帆の自動制御も必要とされた。このため布製ではなく、飛行機の翼のような硬い材質の帆が開発され、「新愛徳丸」をはじめとして十数隻の貨物船に装着された。しかし、1990年代になって原油価格が安定するとブームは去り、帆装貨物船は姿を消した。帆装の初期投資とメンテナンスコストが、燃料費の削減に見合わなくなったためである。

写真5-38　帆装貨物船「新愛徳丸」

2000年代になって再び風力の利用に注目が集まった。それは原油価格の高騰だけでなく、地球環境保全のためにも自然エネルギーの活用が必要とされたためである。原油価格はシェールオイルの開発によってある程度下がったものの、2022年に起こったロシアのウクライナ侵攻によって再び高騰し、その後も激しい価格変動が続いている。また、地球温暖化に対応するためにCO_2をはじめとする温室効果ガス削減の流れは世界的な潮流となり、再生可能エネルギーとされる自然エネルギーの利用が必須の時代となった。

そうした中での試みの一つが、100年近い眠りから覚めたローター船の復活である。ローター船とは、118ページでも解説したように、回転する円筒形のローターセールを甲板の上に立てて、横風の力を推進力に変えて航行する船であり、マグヌス効果という流体力学的な効果を利用している。この効果は、流れの中に置かれた円柱を回転させると揚力が発生する現象を利用したものであり、ローター船が横から風を受けると推進力を得ることができるというもの。フレットナーが1924年に技術開発して、1926年には新造船として「バルバラ」が完成した。同船のローターは直径4メートル、高さが17メートルで、3本が立てられた。しかし、その後ローター船は建造されずにいた。

写真5-39　約100年前に登場したローター船「バルバラ」

2000年代に入って、欧州でローターセールが再開発され、それを搭載したカーフェリーやRORO船が登場している。ただし、いずれも動力の補助として用いられており、船の燃料費の10～20％の削減に留まっている。

ローターセールによく似た直立円筒形の風力推進装置としてターボセールがある。ローターセールとの違いは、回転させるのではなく、セールの切れ込みから空気を吸い込むことで背後渦の位置をシフトさせ推力を得る点だ。小型実験艇が建造され、世界中をめぐって宣伝に努めたが、今のところ大型船に採用された事例はない。

従来どおりの布製の帆を自動巻き取り、自動展開、自動制御するセールがフィンランドで開発されており、数隻のクルーズ客船に搭載されている。三角帆をステーと呼ばれるマストを支える

写真5-40 2008年に建造されたローターセールを搭載した「E-SHIP 1」

写真5-41 布製の柔らかい帆をステーに巻き取る自動セールを搭載するクルーズ客船

ワイヤーに巻き取ることができる。

上空に揚げた凧に船を引かせるタイプの風力利用法も開発され、一部の貨物船で利用されている。追い風気味の場合にしか効果は得られないが、利用できるときに自然エネルギーを活用するのはよいことだ。使うときと収納するときの手間と、維持のためのコストが小さければ可能性は大きい装置と言える。欧州ではすでに使われた事例もあり、日本では川崎汽船がRORO船やばら積み船に搭載する計画で、CO_2の排出を最大20％程度削減することを目標としている。

写真5-42　スカイセール社のスカイセールシステム（SkySails POWER提供）

筆者も、現役時代に今治造船との共同研究として自動車運搬船に折り畳み式の平板帆を設置して、強風時の速力低下を風の力によって補う風力アシスト船のコンセプト開発を行った。風による横流れを小さくするために3つの胴をもつトリマランとした。

東京大学を中心として研究開発した「ウインドチャレンジャー」は、風力だけでばら積み船を航行させせようとするチャレンジングな試みである。このプロジェクトで開発された自動展開型硬帆を、商船三井は大型ばら積み船に搭載して、その効果の確認試験が行われている。同社は、この技術を積極的に外部へ販売していくという。

再生可能エネルギーとして風力と同様に注目されているのが、太陽エネルギーであり、船上に太陽光パネルを貼ってエネルギー源の一部とする試みもなされている。ただし、太陽電池は得ら

図5-3　大阪府立大学で開発された帆装三胴PCC

写真5-43　東京大学で開発された「ウインドチャレンジャー」

写真5-44　オーストラリアで開発された、太陽電池で航行する小型船

写真5-45　小型船をデッキに積載して運ぶ在来型重量物運搬船

れるエネルギー密度が小さく、大型船では全表面にパネルを貼ってもエネルギー削減量は、船を動かすのに必要なエネルギーの数パーセントに留まることが明らかになっている。しかし小型のスピードを要求されない船種での利用には可能性があり、世界各国で開発が進んでいる。

重い貨物を積載する貨物船は重量物運搬船と呼ばれ、巨大なクレーンをデッキ上にもち、鉄道車両や、時には小型の船舶を積載して運んでいた。

しかし、重い貨物を運ぶのが得意な船舶であっても、あまりに大型の重量物を運ぶのは難しい。そのため各種のプラントと呼ばれる巨大設備等は、いくつかのブロックに分割して運び、現地で組み立てるのが一般的であった。そのブロックを、できるだけ大きな塊のモジュールにして運ぶ船はモジュール運搬船と呼ばれる。

しかし今では、巨大なプラントを一体化して、そのままの形で積んで運ぶ特殊な貨物船が登場している。中でもユニークなのが、船体を没水させて、浮かべた巨大プラントをデッキ上に引き入れ、浮上させて運ぶ半潜水式重量物運搬船だ。

写真5-46 デッキ部分を没水させた状態の半潜水式重量物運搬船（©DOCK WISE）

写真5-47 巨大な海洋構造物をデッキに積載して浮上した半潜水式重量物運搬船（©DOCK WISE）

写真5-48　アメリカの海洋開発用プラットフォーム船FLIP

海洋調査の分野でも、その調査目的に応じてユニークな船が建造されたことがある。有名なのが、船首部を水面上に出して海上に直立する海洋調査船だ。FLIP（Floating Instrument Platform）と呼ばれ、1962年にアメリカで建造された。全長は約100メートルで、直立すると最下部は水面下80メートルほどに達し、各種の水中観測が可能となる。移動して海洋調査ができる点で船としての要素はあるが、ブイの一種とみなされており船名はもっていない。

第6章 船の未来

6-1 船とＳＤＧｓ——持続可能性への貢献

ＳＤＧｓとは

ＳＤＧｓとは、国連で２０１５年に採択された合意で、２０３０年までに誰一人取り残されない平和な世界を実現するための行動目標であり、17の目標からなる。日本語では英語を直訳した「持続可能な開発目標」とされ、しごくもっともで、大切なことが目標として書かれている。色鮮やかな17のアイコンが並べられており、日本ではよりシンプルなキャッチコピーでわかりやすく表示されていることが多い。以下に並べてみる。

①貧困をなくそう
②飢餓をゼロに
③すべての人に健康と福祉を
④質の高い教育をみんなに
⑤ジェンダー平等を実現しよう
⑥安全な水とトイレを世界中に
⑦エネルギーをみんなにそしてクリーンに

⑧働きがいも経済成長も
⑨産業と技術革新の基盤をつくろう
⑩人や国の不平等をなくそう
⑪住み続けられるまちづくりを
⑫つくる責任つかう責任
⑬気候変動に具体的な対策を
⑭海の豊かさを守ろう
⑮陸の豊かさも守ろう
⑯平和と公正をすべての人に
⑰パートナーシップで目標を達成しよう

船の役割

こうした目標の達成に、船がどのような役割を担うことができるかを考えてみたい。

船の最も一般的な役割である人や貨物を運ぶ仕事はSDGsにどのような貢献ができているであろうか。船はいろいろな貨物を運ぶが、中でも最も大量に運んでいるのが穀物をはじめとする食糧である。自給自足の時代には、それぞれの土地で得られる食糧の分だけの人数しか、その土

写真6-1　海を渡って大量の穀物を運ぶばら積み貨物船。この船は約7万トンの穀物を積載する。

地では生きられなかった。食糧が足りなくなれば近くの土地を奪うことで、それぞれの民族は移動し支配地域を拡大した。農業の導入によって食糧の生産性が上がり、より多くの食糧が得られるようになり、同じ面積の土地でもより多くの人が生きることができるようになった。しかし、自然は過酷で、時として雨が長期間降らずに飢饉が繰り返し起こっている。たとえば１９８４年のアフリカの干ばつでは約１００万人が飢餓で命を落としている。こうした特定の地域での食糧不足を、大量の食糧を運搬することによって補うことができるのが船である。

　また世界各地の穀物の収穫には毎年ばらつきがあり、余った地域から不足している地域へ大量の食糧を船舶が運んでいる。すなわち目標の①～③の達成のためには、穀物を大量に運ぶばら積み船が欠かせない。

　こうした自然現象にともなう穀物の不足だけでなく、紛争にともなう食糧不足が発生することもある。２０２２年に発生したロシアのウクライナ侵攻により、ウクライナのオデッサ港からの船舶輸送ができなくなり、世界各地で食糧品の価格高騰や、穀物の不足による飢餓が現実問題となった。このときには、世界中の人々が穀物輸送に船舶がいかに大事な役割を果たしているかを再認識した。

次にエネルギーについて考えてみよう。18世紀の産業革命以来、人間はエネルギー資源によって機械を動かすことで、あらゆる面での生産性を向上させた。農業と漁業の第一次産業をはじめ、人の移動や物資の輸送、快適な住環境などあらゆる点でエネルギー資源を有効に使って人類は発展してきたと言っても過言ではない。しかし石炭、石油、天然ガスのような天然のエネルギー資源は地球上に偏在しており、世界中に暮らす人々にそれを届けるのは石炭運搬用のばら積み船や、油を運ぶタンカーだ。すなわち⑦と⑩の目標達成のために、船は欠かせないインフラと言える。また⑦の目標の中の二つめのクリーンについては、あらゆる輸送機関の中で、最も少ないエネルギーで大量の物資を運ぶことができるのが船であり、船での輸送を増やすとエネルギーの消費を抑えることができる。もちろん、さらなる省エネ化に向けて不断の技術開発がされており、1970年代のオイルショック以前に比べると船の燃料消費は約3分の1にまで減少している。その結果、地球温暖化の原因の一つとされるCO_2排出を削減でき⑬の目標に貢献している。

写真6-2　船の最高責任者である船長は憧れの職業だ。

船員という職業

複数の国の間を結ぶ国際航路（外航航路）には基本的にどこの国籍の船舶でも参入して仕事をすることができ、これを「海運自由の原則」と言う。

一方、一国内の港の間だけの輸送航路は内航航路と呼ばれ、多くの国が自国籍船にのみ運航を許しており、これはカボタージュ規制と呼ばれている。すなわち、日本国内の人および貨物の輸送は日本国籍の船でなければできない。

国際航路の船舶の場合には、アメリカ籍船のように自国籍の船員による運航を義務付けている国もあるが、多くは外国人船員による運航を許している。その結果、物価が安く人件費も安い国の船員による運航が広がっている。たとえば、フィリピンの船員は日本人船員の5分の1程度の人件費で雇うことができる。船の運航経費の中のある程度の部分が船員費となっているため、それがコストを上げて船の競争力を下げる。世界の船員約１２０万人のうち20%をフィリピン人が占め、最も多くの船員を供給しているフィリピンでは、その稼いだ給金が国の経済の一端を担っている。その結果、フィリピンには国際航路の船員を教育する高等教育機関が、公的なものだけでなく、船会社がプライベートに運営するものも含め多数ある状態となっている。このように国際海運の船舶は、発展途上国の人々に就労の機会をあたえることで①②④⑧⑩に貢献している。中には発展途上国の船員が船長にまで昇任している場合もある。

写真6-3　巨大な浮体を製造して飛行場や都市空間を造ることもできる。日本政府が開発したメガフロートがその例だ。

ノアの箱舟

旧約聖書の創世記にでてくる「ノアの箱（方）舟」は、大洪水にみまわれた地球で、神の啓示によりノアが船を造って家族と動物を乗せて生き延びたという話であるが、地球温暖化の進行によってこれが現実化しつつある。もちろん、長い地球の歴史の中では、こうした水面上昇は何度も起こってはいるが、短い人類の歴史の中ではなかなか起こらないこのような現象も、確率的には近未来に起こらないとは限らない。そうした激変する地球環境の中で、生き延びる術を教えてくれるのが「ノアの箱舟」のような世界に残る伝説なのかもしれない。また地球のプレートテクトニクスのような新しい知見をベースとした物語が、たとえば『日本沈没』（小松左京著）のように創作され、これが新しい伝説となっていくのかもしれない。２０２１年に放映された『日本沈没』のリメーク版のテレビドラマでは、日本からの大量の移民を海外各国に受け入れてもらうために奔走する若い官僚の姿を描いていたが、大規模な洋上都市の建設なども船の技術の延長線上で可能となる。⑩⑪の目標に貢献ができるかもしれない。

本来のＳＤＧｓの目的からは完全に逸れてしまったが、船の役割は将来にわたって極めて大きなことが理解いただけるのではなかろうか。

漁業への貢献

人類は陸上からだけでなく、海からもさまざまな栄養物質を得てきた。とくに海に囲まれた日本では、海産物は主要な栄養源となっており、水産業が発達した。その産業に従事する船舶が漁船であるが、実際に水産物をとる漁猟船だけでなく、とった水産物を運ぶ運搬船や、漁業調査船、漁業練習船、漁業取締船などさまざまな船がある。こうした漁船は、ＳＤＧｓの①②⑭が対応する。

陸上では野生動物を捕獲して食糧にすることはかなり減っている。そのかわりに家畜を飼い、食糧とするのが一般的である。一方、海ではいまだに天然の海産物が捕獲され食糧に供されている。しかし、クジラ、クロマグロ、ウナギのように天然の動物が減少傾向にあるため、陸上と同様に、人間の手で育てて食糧として供する養殖がしだいに大きな割合を占めるようになり、天然物とほぼ肩を並べるまでになっている。こうした養殖産業でもさまざまな船が使われている。

写真6-4 海を使った養殖業は急成長を遂げている。そこでも船が欠かせない。

写真6-5 横浜港全景

港湾

船は港と港を結び、人と物資を運び、さらに文化も運んだ。そして港は都市を形成するようになり、港湾都市では今でも多くの人々に仕事をあたえている。日本の港湾都市でも、船や港湾関連の産業活動が、その地域のGDPの20～30％を生み出していることも珍しくない。食

写真6-6　大型船を建造する造船所。重量物を吊り上げるための各種のクレーンが並ぶ。

糧を供給する農業と水産業からなる第一次産業とともに、船による物流や人流は、社会維持に欠かせないエッセンシャル産業なのである。

造船

船は巨大で複雑な、動く建造物であり、その建造には高度な技術が必要となる。かつては、船はそれぞれの地方で建造されていたが、大洋を渡って人と物を運ぶ船が現れると、造船技術に秀でた国において建造された船が世界各国の船主に売られるようになった。造船国として有名なのは、イギリスをはじめとする欧州の国々であり、明治維新後、日本は欧州から造船技術を導入して、国内にたくさんの造船所を建設した。

第二次世界大戦で、日本の造船業は壊滅的な被害を受けるが、世界的な高度成長の流れの中で復興し、ブロック建造法、溶接などの先進技術を取り入れて改善を行い、１９５６

年には船の建造量でイギリスを抜き、世界一の造船国となった。SDGsの目標の⑨に挙げられている「産業と技術革新の基盤をつくろう」は、日本においては国を挙げて造船業を振興した結果として成果を挙げたと言ってよい。

造船産業を支える人材の育成は、大学に置かれた工学部の造船学科もしくは船舶工学科が担った。海事先進国の多い欧米では、各国に複数の大学が同学科を有しているし、発展途上国でも同学科を設けている国は多い。日本では、東京大学をはじめとする国立大学5校、公立大学1校、私立大学2校の計8大学で造船教育と研究が行われて現在に至っている。ただし、造船学科や船舶工学科という名称は時代とともに姿を消し、海洋システム工学や船舶海洋工学という名称に衣替えして、造船産業だけでなく、自動車、機械、電気、システムなどの産業分野に多くの人材を送り出している。

6-2 エピローグ――未来の船

今後、船舶はどのように進化を遂げていくであろうか。これまでも、社会のニーズに従って、いろいろな船舶が現れ、それぞれに進化を遂げてきた。そして、これからも新たな社会ニーズに合わせた新しい船が開発され、利用されていくに違いない。

船舶の役割はますます大事になっていく。浮力を利用して最も少ないエネルギーで大量の人や物資を運ぶことのできる能力は、いつの時代でも変わらないからだ。地球はつねに変化しており、気候変化にともなう洪水や作物の不作による飢饉、紛争による食糧輸送の途絶やエネルギー不足など、世界的に人類を脅かすリスクは枚挙にいとまがない。食糧やエネルギー資源の不足した場所に、必要な大量の物資を迅速に運び供給して人々の命を救うために船舶は欠かせない。

現在、船の世界でも排気ガスのゼロエミッション化が急速に進んでいる。船のエンジンからの排気ガスに含まれるCO_2、NO_x、SO_x、PMの削減が求められ、次世代燃料として液化天然ガス（LNG）、水素、アンモニア、メタン、バイオ燃料などを活用するための技術が研究開発されている。現在、船舶の動力として普及しているディーゼル機関は、いずれの次世代燃料でも工夫して使えるので、大きな混乱はないとみられている。

ただし、燃料を油から代えて、船からのCO_2排出をなくしても、それぞれの燃料の製造時にCO_2を排出していては、地球環境を守るという本来の目的は達成できない。次世代燃料の評価では、その生産から使用までのすべての過程における総量としての排出量を、ライフ・サイクル・アセスメントの手法で正しく評価することが必要となる。

また、温室効果ガスの一つであるCO_2の場合は、減らしすぎても地球上の生物が繁殖できない。従って地球全体としての濃度コントロールが必要とされるが、ほぼすべての生物が生きるためにCO_2を利用しており、そして人間もまた生きるため、さらに社会活動のためにCO_2を排出していることを考えると完璧なコントロールは容易ではない。しかし、人類が幾度もの環境変化の中で命をつないできたことを考えると、高度の科学技術を習得した人類が簡単に絶滅するとは考えられない。環境が変わっても、その中で生き抜く術を見つけだすはずだ。

狭い船の世界にあっても時々刻々と変わる自然環境、そして社会のニーズに応えた技術開発が行われ、エミッション・コントロールが可能な新しい船が現れるに違いない。次世代のクリーン燃料を使う内燃機関、原子力機関、蓄電池などによって稼働する船舶が活躍するようになり、太陽光、波力、潮力、風力などの自然エネルギーも、船のエネルギー消費を削減するための補助エネルギーとして広く使われるようになる。

船のもつ直近の課題は、安全性の向上であろう。船舶技術がいかに進化しても、ヒューマンエラーによる海難は後を絶たず、多くの人命が海で失われている。船舶になんらかの危険が近づいたときに、それを予測して、危険を回避する技術が進化して、海難がほとんどなくなる時代がやってくることは間違いのないところであろう。まず、船舶同士の衝突、座礁、荒天にともなう損傷や転覆を自動的に予知して回避するシステムが船に搭載される。各種のセンサー技術が発展しており、得られたデータの分析技術も急速に進化している。また人工知能（AI）技術の進歩も目覚ましく、船舶の運航へ急速に取り込まれている。その先には、人がかかわらなくても運航できる自動運航船が実現していくことだろう。船員不足に悩まされる日本の内航海運、過疎化に悩む離島航路等では無人の自動運航船が活躍することになろう。

船舶の唯一の欠点と言えるスピードの遅さを技術的に解決することは難しく、速度域に応じた最適な輸送機関が選ばれるべきである。時速300キロメートルを超える領域は航空機、時速100～500キロメートルは鉄道、時速50～100キロメートルでは車、時速50キロメートル以下では船舶がエネルギー効率的には望ましい。ただし、海を渡るグローバルな輸送では、現在の選択肢は飛行機と船舶だけに限られ、時速50キロメートルと時速300キロメートルの間の谷を埋める交通機関が必要となる。この間を埋める交通機関としては、ACV（ホーバークラフト）やSES）やWIG（地面効果翼機）またはWISES（表面効果翼船）と呼ばれる、航空機と船舶のハイブリッド型の交通機関などが考えられているが、大型化の難しさや経済的な面で壁にぶつかっている。排水量型または半滑走型の船舶では、時速100キロメートル程度までは、軽合金性高速カーフェリーとして実用化されているが、この将来がどのようになるのかについては未知数である。社会ニーズに応じた船舶の高速化についての技術開発にも期待したい。

写真6-7　地面翼効果機「フレアクラフト」。地面効果翼機は、地面や水面近くを飛ぶことにより揚力が増す現象を利用している。翼を短くし、多くの荷物を運ぶことができる。また、燃料消費効率もよい。
さまざまな実用化の試みがあったが、現在までのところ、成功はしていない。電動モーターエンジンによる新たなプロジェクトも始動している。

おわりに

北海道の港町、室蘭で育った筆者は、幼い頃から船の汽笛の音をよく聞いていた。北海道南部の沿岸では春先から初夏にかけて海上に濃霧がかかり、衝突を避けるための汽笛がボー、ボーと一日中聞こえる日もあった。当時の室蘭港は活気に溢れていた。何十両も連なる貨車には石炭が満載で、港で降ろされ、船に積み替えられて日本各地へと運ばれていた。また、室蘭は鉄の街とも言われ、大型の鉱石運搬船や石炭船が原料を運んできて、製品となった鋼材や機械類が貨物船に積まれて出荷されていった。

そんな環境で育ったためか、中学・高校生の頃には、すっかり船の魅力にはまってしまい、大学で船舶工学を学び、さらに大学で船舶工学と海洋工学の教鞭をとり、研究を続けるようになった。

専門は流体力学の中の渦に関する分野で、船のビルジキールが造る渦や海洋開発に使われる構造物の周りにできる渦などが主な研究対象だったが、幼い頃からの船への好奇心は持続していたので、一つの専門分野に固執することなく、さまざまな新しい船に関する研究も積極的に行った。船酔いの研究、高速艇の研究、ＰＣＣやコンテナ船などの風による抵抗増加の研究、波浪による抵抗増加の研究、風力アシスト船の研究、客船の経済性の研究などに携われたことは、筆者の研究生活を充実させてくれた。

一方、趣味としては、年間40隻のフェリーやクルーズ客船に乗ることを目標に、日本各地そして世界各地を廻った。日本では北は北海道から南は沖縄まで客船の旅を楽しみ、海外でもたくさん乗船した。乗船した船の数は、たぶん1000隻を超えていると思う。このように船に乗ることだけでなく、船を見て、写真に収めることも大好きだった。このシップ・ウオッチングを趣味とする内外の方々との交流も生活を充実させてくれた。この本の中でも、筆者自身が撮影した船の写真をたくさん使わせていただいた。

このように、これまで趣味と仕事が一体となった人生を歩んできた。そして船の魅力を広くお伝えしたいという思いから、講談社からブルーバックスの一冊として『新しい船の科学』を出版したのが1994年なので、もう30年近くも前のことである。その後、超高速船を中心にして執筆した『図解　船の科学』を2007年に出版し、このたび、本書をブルーバックスの3冊目として出版することができた。この本を読み、船に興味をもつ人が一人でも増えれば望外の喜びである。

最後に、本書の編集に携わり、丁寧な本づくりをしていただいた講談社ブルーバックスの森定泉さんに心から感謝したい。

2023年5月　　池田良穂

参考文献

『新交通機関論』、コロナ社、1995　赤木新介
『新しい船の科学』、講談社ブルーバックス、1994.11　池田良穂
『図解　船の科学』、講談社ブルーバックス、2007.12　池田良穂
『基礎から学ぶ　海運と港湾　第2版』、海文堂出版、2021.7　池田良穂
『船体構造イラスト集　英和版』、成山堂書店、2006.11　恵美洋彦
『SDGs（持続可能な開発目標）』、中公新書、2020.8　蟹江憲史
『造船設計便覧　第4版』、海文堂出版、1983.8　関西造船協会編
『船：引合から解船まで』関西造船協会、2004.7　関西造船協会編集委員会編
『船舶・海洋工学技術史（1996～2015）』、日本船舶海洋工学会、2017.3　日本船舶海洋工学会創立120周年記念事業20年史編纂ワーキンググループ編
『造船技術の進展』、成山堂書店、2007.10（第9章）　吉識恒夫
『流体抵抗と流線形』、産業図書、1991.10　牧野光雄

参考雑誌

「KANRIN（咸臨）」各号、日本船舶海洋工学会
「Cruise & Ferry」各号、日本クルーズ&フェリー学会
「世界の艦船」各号、海人社

Tフォイル 169
WIG→地面効果翼機 260
WISES→表面効果翼船 260

【人名】

アルキメデス 14,46
乾　崇夫 95
オットー, ニコラウス・アウグスト 151
ガマ,バスコ・ダ・ガマ 16
ケルビン男爵 89
コロンブス 16
ディーゼル, ルドルフ 121
トムソン, ウィリアム 89
フルード, ウィリアム 82
ベルヌーイ, ダニエル 52
マゼラン 16
丸尾　孟 95
元良信太郎 164
レイノルズ, オズボーン 85
ワット, ジェームス 18,119

【船名】

あけぼの丸 28,104
飛鳥II 31
アンドレアドリア 179
ヴォイジャー 238
梅丸 236
エストニア 75
オアシス・オブ・ザ・シーズ 50
オットー・ハーン 129
カティサーク 117
カラカラ 104
ガリンコ号 131
クイーン・エリザベス 215
クイーン・メリー 20,215
クラーモント 130
くりなみ 35
グルトラ 149
グルリ 26
グレート・イースタン 19
くれない丸 26,95
コスタ・コンコルディア 78
サバンナ 129
ざんぱ 35
さんふらわあ　くれない 151
さんふらわあ　さつま 31
シーガス 149
シークラウドスピリット 31
新愛徳丸 239
ストックホルム 179
スピリット・オブ・オーストラリア 55
セランディア 121
ソブリン・オブ・ザ・シーズ 117
タイタニック 173,189
第8わかと丸 218
第9わかと丸 218
ちはや 81
ちよだ 81
つがる 225
道後 58
とりで 217
トリトン 98
長門 177
ナショナル・ジオグラフィック・エンデュアランス 31
ナッチャンRERA 190
浪華丸 18
日本丸 117
ニューびんご 32
ノブゴロド 236
ノルマンディー 215
バイキング・グレース 24,149
バルバラ 119,240
ビクトリー 17
ファルストリア 121
フェリーあい 32
フェリーてしま 32
フェリーふくおか 147
ふじ丸 202
ぺがさす2 126
ミシガン 130
むつ 129
睦丸 164
むらさき丸 95
メイサ80 237
メタン・パイオニア 148
モーレタニア 20
山城丸 96
ヤマタイ 88
大和 94
リバディア 236
りゅうきゅう 35
ロイヤルウイング 26
ワンダー・オブ・ザ・シーズ 22,215
E-SHIP1 241
KAZU I 79,179
MOL Truth 22
TSURUGA 224

ホーバークラフト→
ACV：エアークッションビークル 101
帆柱 16
ポーポイジング 170
ホロー 91
【ま行】
マグヌス効果 118,240
摩擦抵抗 82
摩擦力 86
マスト 16
丸木舟 16
満載喫水線 47
水先人→パイロット 35,174
無限流体 83
無次元数 82
メイデン・ボヤージュ→処女航海 30
メガフロート→巨大人工浮島 23
メタセンタ高さ 70
木造船 17
木造帆船 16
モジュール運搬船 88
モノハル→単胴型 96
モーメント→偶力 69,162
【や行】
やせ馬状態 61
山原船 18
ヨーイング→船首揺れ 158
揚力 50,99,114,131
横強度 62
横傾斜→ヒール 159
横式構造 66
横揺れ→ローリング 158,164
よどみ線→スタグネーション・ライン 54
よどみ点→
スタグネーション・ポイント 53,114
【ら行】
ライナー→定期船 213
ラストハンプ 92
乱流境界層 86
竜骨→キール 59
粒子状物質→ＰＭ 144
流線形 83
流線形対称翼 185
流線形フェリー 104
流体密度 52
流体力 114
凌波性 158
旅客カーフェリー 28
レイノルズ数 85,133
レシプロ式蒸気機関 130
レストラン船 26
レッジバウ 109
艪 16,114
ローター 118
ローターセール 240
ローター船 118,240
ロック→閘門 229
肋骨→フレーム 59
ローパックス 218
ローリング→横揺れ 158
ロンジ→縦通肋骨 66
【数字・アルファベット】
１軸船 135
２サイクル機関 122
２軸船 136
２乗３乗の法則 49
２ストローク機関 122
４サイクル機関 122
４軸船 136
４ストローク(サイクル)エンジン 151
４ストローク機関 122
ACV：エアークッションビークル→
ホーバークラフト 101,260
ANG→吸着天然ガス 152
CFD→数値流体力学 110
CNG→圧縮天然ガス 152
DF機関→デュアルフューエル機関 152
EEDI→エネルギー効率設計指標 143
FLIP(Floating Instrument Platform) 246
GHG→
温室効果ガス,グリーンハウス・ガス 153
GM値 76
GZ曲線 77
IMO→国際海事機関 29,143
LNG→液化天然ガス 24,152
LNGタンカー 33
LNG燃料 148
LNGバンカリング船 149
NOx→窒素酸化物 126,144
PCC→自動車運搬船 33
PCTC→自動車運搬船 33
PM→粒子状物質 144
RORO船 33
SDGs 248
SES→
サーフェース・エフェクト・シップ 103
SOLAS→
セーフティ・オブ・ライフ・アット・シー 77
SOLAS条約 77,173
SOx→硫黄酸化物 126,144
SOxスクラバー→脱硫装置 147
TEU 214

内燃機関 120
波 64
波無し船型 95
二重船殻→ダブルハル 62,176
二重底 62,175
燃焼 122
粘性圧力抵抗→渦抵抗,造渦抵抗 83,98
粘性係数 86
ノアの箱舟 253
ノンバラストタンカー 106

【は行】

排気 122
排水量 46,70
排水量型(船舶) 91,99
ハイスキュープロペラ 134
ハイブリッドシステム 128
ハイブリッド船 127
パイロット→水先人 35,174
パイロットボート 35
バウダイビング 170
ハッチコーミング 60
バッテリー船 128
発泡ウレタン 178
パドル・ホイール→外車,外輪 130
ばら積み船 33
ばら積み貨物船 219
パラメトリック横揺れ 77,167
梁→ビーム 59
バルジ 74
バルバスバウ→球状船首 91
バーレマックス 21
波浪貫通型船型→
　ウェーブピアシング型 169
波浪強制力 162
波浪中抵抗増加 107
波浪中復原性要件 76
バンカー 120
半滑走型船舶,半滑走型船→
　セミ・プレーニング・シップ 54,99
バンカリング 120
反射波成分 108
半潜水式重量物運搬船 245
帆走クルーズ客船 31
ハンプ 91
半没水型双胴船 237
半没水翼型水中翼船 101
伴流 133
伴流利得 133
菱垣廻船 18
比重 48
ピストン 122
肥瘦係数 93
非損傷時復原性 76
肥大船 98
ビーチング式 41
ピッチング→縦揺れ 158
ヒービング→上下揺れ 158
ビーム→梁 59
病院船 40
表面効果翼船→WISES 260
ピラー 60
ヒール→横傾斜 159
ビルジキール 164,235
ビルジホッパー 60
フィッシュテール舵 192
フィンスタビライザー 164,235
風圧抵抗 105
風力 114
フェリー 218
フォイトシュナイダープロペラ 139
復原項 162
復原性理論 98
復原梃 70
復原力 68
復原力曲線 72
復原力消失角 72
複合舵 185
浮心 70
不沈化 80
不沈化構造 80
不沈船 79,177
不定期船→トランパー 213,214
フラップ舵 191
浮力 44,99
浮力体 80,178
フルード数 82
プレーニング・クラフト→
　滑走艇 100
プレーニングボート→滑走艇 53
フレーム→肋骨 59
ブローチング 167
ブロック建造法 20
プロペラレーシング 158,167
ベクツイン舵 192
ベッカーラダー 192
ベルヌーイの定理 52
弁才船 18
帆 114
ボイラー 120
ホギング 65
細長船首船型 169
ポッド推進器 138

船殻 14,59
前後揺れ→サージング 158
船首端部→ステム 110
船首揺れ→ヨーイング 158
潜水艦 34
潜水艦救難艦 81
船籍港 29
船側水圧 62
船台 20,27,200
船体運動 158
船体運動成分 108
船体運動方程式 163
船体運動理論 98
船体強度 59
船体構造 59
センターキール 80
船底空気潤滑システム 87
船底空気循環槽 87
船底水圧 62
船底塗料 88
船内自由水 75
船舶自動識別装置AIS 181
船舶リサイクル施設 41
船尾双胴型 137
船尾波 96
船尾バルブ 96
全方位型推進器 137
全没翼型水中翼船 56,101
船齢 26
総圧 52
造渦抵抗→渦抵抗,粘性圧力抵抗 83,99
造船 256
双胴型→カタマラン 96
倉内荷重 62
造波抵抗 82
造波抵抗係数 92
造波抵抗理論 98
損傷時復原性 76
損傷時復原性規則→
ダメージ・スタビリティ 180

【た行】

大気圧 44
大航海時代 16
耐航性 158
タグボート 35
多軸プロペラ 135
脱硫装置→SOxスクラバー 147
縦運動 167
縦強度 63
縦式構造 67
縦波状態 167
縦揺れ→ピッチング 158
ダブルハル→二重船殻 176
ターボセール 240
ダメージ・スタビリティ→
損傷時復原性規則 180
樽廻船 18
タンカー 21
探検クルーズ客船 31
堪航性 158
単胴型→モノハル 96
単板舵 185
断面係数 63
窒素酸化物→NOx 126,144
中間検査 30
超大型船 21
長距離カーフェリー 31
調査船 34
ツインスケグ 137
出会周期 160
定期客船 26
定期検査 30
定期船→ライナー 213
ディーゼルエンジン 23,122
ディーゼル機関 120,122
デッキ→甲板 59
鉄鉱石運搬船→鉱石運搬船 22,67
鉄船 19
デミハル 96
デュアルフューエル機関→DF機関 152
デュアル・フューエル・ディーゼル機関 150
電気推進機関 126
電気推進船 127
電子海図表示情報システムECDIS 182
動圧 52,53
同調 160
同調横揺れ 161,164
動的圧力 99
動粘性係数 85
動復原力 72
動力船 119
ドック 20,27,203
ドック検査 30
トップサイドタンク 60
ドップラー効果 161
トランサム 100
トランパー→不定期船 214
トリマラン→三胴型 96
トリムタブ 169

【な行】

内航船 212

軍艦 226
形状影響係数 99
ゲート舵 192
ケルビン波系 89
原子力 23,129
原子力機関 129
原子力潜水艦 129
減衰項 162
航空母艦 40
鉱石運搬船→鉄鉱石運搬船 21
鋼船 20
構造船 17
高速純客船 32
高速旅客船 28
港内渡船 26
閘門→ロック 229
高揚力舵 191
抗力 114,130
港湾 255
港湾法 174
港湾都市 255
護衛艦 34
国際海事機関→IMO 29,143
コーストガード→沿岸警備隊 37
固有周期 160
コルゲート式隔壁 60
コンテナ船 22,67,220

【さ行】

最大旋回圏→
　最大タクティカル・ダイアメタ 193
最大タクティカル・ダイアメタ→
　最大旋回圏 193
サイドスラスター 194
サイドハル 97
砕波抵抗 83
作業台船 37
サージング→前後揺れ 158
サーフェース・エフェクト・シップ→
　SES 103
左右揺れ→スウェイイング 158
サルベージ作業 37
サルベージ船→海難救助船 37
三胴型→トリマラン 96
ジェットフォイル 56,101
シェルプレート→外板 59
自己研磨型 89
死水 115
シップリサイクル条約 41
自動車運搬船→PCC,PCTC 33,222
自動操舵装置→オートパイロット 183
自動レーダー衝突予防援助装置ARPA 181
地面効果翼機→WIG 260
ジャパン・コーストガード→海上保安庁 37
ジャンク船 17
ジャンボ化工事 39
重心 70
自由水影響 74
縦通肋骨→ロンジ 66
重量物運搬船 67
重力 44
重力加速度 46,90
巡視船 35
巡視艇 35
蒸気往復機関 23
蒸気機関 18
蒸気タービン 23
蒸気船→汽船 18,119
上下揺れ→ヒービング 158
消防艇 36
処女航海→メイデン・ボヤージュ 30
シリング舵 192
深海救難艇 81
シンケージ 53,91
人工港 228
進水 25,27
進水式 27
浸水表面積 87
水圧 44
水車 130
水素 24
水中翼船 55,100
水中翼付双胴船 58
水密隔壁 62,176
水密区画 176
スウェイイング→左右揺れ 158
数値流体力学→CFD 110
スカイセールシステム 242
スクリュープロペラ 20,131,132
スケグ 136
スタグネーション・ポイント→
　よどみ点 53,114
スタグネーション・ライン→よどみ線 54
ステム→船首端部 110
スラミング 158
スロッシング 66
静圧 52
静水圧 51,99
セーフティ・オブ・ライフ・アット・シー→
　SOLAS 77
セミ・プレーニング・シップ→
　半滑走型船舶 99
セメントタンカー 223

さくいん

【あ行】
アウトリガー 97
アジマスプロペラ 138
アックスバウ 107
圧縮 122
圧縮天然ガス→CNG 152
圧縮力 65
アフロート式 41
アルキメディアン・スクリュー 131
アルキメデスの原理 46
アンチローリング・タンク 165,235
アンモニア 24
硫黄酸化物→SOx 126,144
イージス護衛艦 34
一般復原性要件 76
インターセプター 169
インバータ制御 128
ウインドチャレンジャー 242
ウェーク 133
ウェーブピアシング型→
波浪貫通型船型 169
ウォータージェット推進器 57
渦抵抗→造渦抵抗,粘性圧力抵抗 99
エアロ・シタデル 105
液化天然ガス→LNG 24,152
エネルギー効率設計指標→EEDI 143
エロージョン 134
沿岸警備隊→コーストガード 37
横復原力 69
オットー機関 120
オットーサイクル 151
オートパイロット→自動操舵装置 183
オール→櫂 114
温室効果ガス→
　グリーンハウス・ガス,GHG 153
【か行】
櫂→オール 16,114
海運 210
外航船 29,212
外車→外輪,パドル・ホイール 19,130
海上交通安全法 174
海上衝突予防法 174
海上保安庁→ジャパン・コーストガード 37
解撤 25,40
海難 37
海難救助船→サルベージ船 37
外板→シェルプレート 59
外洋帆船 117
外輪→外車,パドル・ホイール 19,130
ガスエンジン 151
ガスタービン 23
ガスタービン機関 122,125
河川港 229
ガソリンエンジン 23
カタマラン→双胴型 96
滑走艇→プレーニング・クラフト,
　プレーニングボート 53,100
カーフェリー 32
貨物船 219
慣性項 162
乾ドック 203
甲板→デッキ 59
甲板荷重 62
旗国 29
汽船→蒸気船 119
艤装 28
艤装工事 207
北前船 18
喫水線 47
キャビテーション 134
吸気 122
球状船首→バルバスバウ 91
球状船首ブリッジ 106
吸着天然ガス→ANG 152
給油船 35
境界層 85,133
強制モーメント 162
漁業取締船 34
極小造波抵抗理論 95
局部強度 67
巨大人工浮島→メガフロート 23
漁猟船 34
キール→竜骨 59
金属疲労 67
空気抵抗 104
偶力→モーメント 69
草舟 16
クラッシュ・アスターン 189
クリッパー 117
クリッパー船首 110
クリーンディーゼル 146
グリーンハウス・ガス→
　温室効果ガス,GHG 153
クルーズ客船 22
クルーズフェリー 24
クレーン船 37

N.D.C.550　270p　18cm

ブルーバックス　B-2234

最新図解 船の科学（さいしんずかい ふねのかがく）

基本原理からSDGs時代の技術まで

2023年 6 月20日　第 1 刷発行

著者　池田良穂（いけだよしほ）

発行者　鈴木章一

発行所　株式会社講談社

〒112-8001　東京都文京区音羽2-12-21

電話　出版　03-5395-3524

販売　03-5395-4415

業務　03-5395-3615

印刷所　（本文印刷）株式会社ＫＰＳプロダクツ

（カバー表紙印刷）信毎書籍印刷株式会社

製本所　株式会社国宝社

定価はカバーに表示してあります。

ISBN978－4－06－532315－1

発刊のことば

科学をあなたのポケットに

二十世紀最大の特色は、それが科学時代であるということです。科学は日に日に進歩を続け、止まるところを知りません。ひと昔前の夢物語もどんどん現実化しており、今やわれわれの生活のすべてが、科学によってゆり動かされているといっても過言ではないでしょう。

そのような背景を考えれば、学者や学生はもちろん、産業人も、セールスマンも、ジャーナリストも、家庭の主婦も、みんなが科学を知らなければ、時代の流れに逆らうことになるでしょう。

ブルーバックス発刊の意義と必然性はそこにあります。このシリーズは、読む人に科学的に物を考える習慣と、科学的に物を見る目を養っていただくことを最大の目標にしています。そのためには、単に原理や法則の解説に終始するのではなくて、政治や経済など、社会科学や人文科学にも関連させて、広い視野から問題を追究していきます。科学はむずかしいという先入観を改める表現と構成、それも類書にないブルーバックスの特色であると信じます。

一九六三年九月　　　　野間省一